영재학급, 를 위한

창의사고력

초등 수학

팩토

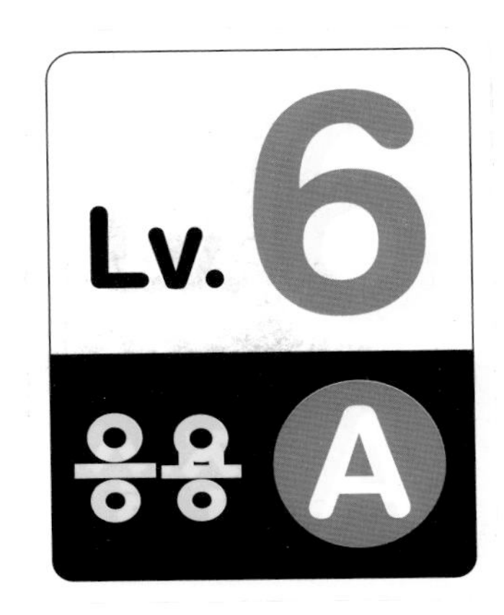

개념과 원리의 탄탄한 이해를
바탕으로 한 사고력만이
진짜 실력입니다.

이 책의 구성과 특징

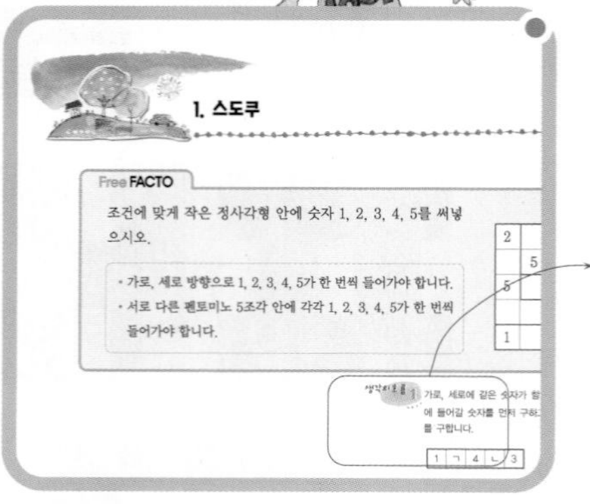
1. 스도쿠

Free FACTO

조건에 맞게 작은 정사각형 안에 숫자 1, 2, 3, 4, 5를 써넣으시오.

- 가로, 세로 방향으로 1, 2, 3, 4, 5가 한 번씩 들어가야 합니다.
- 서로 다른 펜토미노 5조각 안에 각각 1, 2, 3, 4, 5가 한 번씩 들어가야 합니다.

생각의 흐름 1 가로, 세로에 같은 숫자가 …에 들어갈 숫자를 먼저 구하…를 구합니다.

Free FACTO

창의사고력 수학 각 테마별
대표적인 주제 6개가 소개됩니다.
생각의 흐름을 따라 해 보세요!
해결의 실마리가 보입니다.

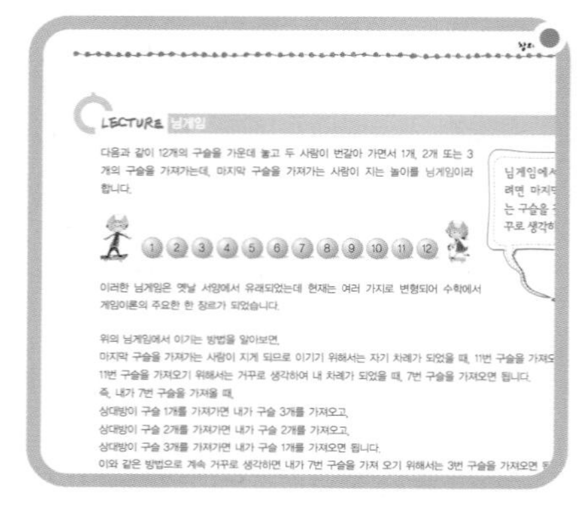
LECTURE 님게임

다음과 같이 12개의 구슬을 가운데 놓고 두 사람이 번갈아 가면서 1개, 2개 또는 3개의 구슬을 가져가는데, 마지막 구슬을 가져가는 사람이 지는 놀이를 님게임이라 합니다.

1 2 3 4 5 6 7 8 9 10 11 12

이러한 님게임은 옛날 서양에서 유래되었는데 현재는 여러 가지로 변형되어 수학에서 게임이론의 주요한 한 장르가 되었습니다.

위의 님게임에서 이기는 방법을 알아보면,
마지막 구슬을 가져가는 사람이 지게 되므로 이기기 위해서는 자기 차례가 되었을 때, 11번 구슬을 가져오…
11번 구슬을 가져오기 위해서는 거꾸로 생각하여 내 차례가 되었을 때, 7번 구슬을 가져오면 됩니다.
즉, 내가 7번 구슬을 가져올 때,
상대방이 구슬 1개를 가져가면 내가 구슬 3개를 가져오고,
상대방이 구슬 2개를 가져가면 내가 구슬 2개를 가져오고,
상대방이 구슬 3개를 가져가면 내가 구슬 1개를 가져오면 됩니다.
이와 같은 방법으로 계속 거꾸로 생각하면 내가 7번 구슬을 가져 오기 위해서는 3번 구슬을 가져오면 …

Lecture

문제를 해결하는 데 필요한
개념과 원리가 소개됩니다.
역사적인 배경,
수학자들의 재미있는 이야기로
수학에 대한 흥미가 송송!

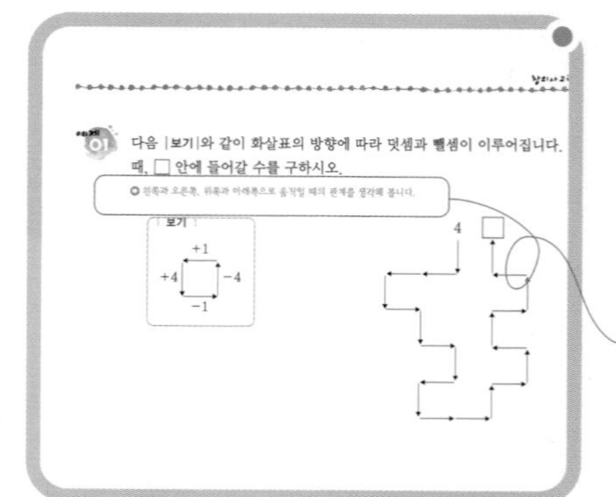
예제 01 다음 |보기|와 같이 화살표의 방향에 따라 덧셈과 뺄셈이 이루어집니다. 이때, □ 안에 들어갈 수를 구하시오.

왼쪽과 오른쪽, 위쪽과 아래쪽으로 움직일 때의 관계를 생각해 봅니다.

|보기|
+1, +4, −4, −1

4 □

Active FACTO

자! 그럼 예제를 풀어 볼까?
자신감을 가지고 앞에서 살펴본
유형의 문제를 해결해 봅시다.
힘을 내요!
힘을 실어 주는 화살표가 있어요.

Creative FACTO

세 가지 테마가 끝날 때마다
응용 문제를 통한 한 단계 Upgrade!
탄탄한 기본기로 창의력을 발휘해요.

Key Point
해결의 실마리가 숨어 있어요.

Thinking FACTO

각 영역별 6개 주제를 모두 공부했다면
도전하세요!
창의적인 생각이 문제해결 능력으로
완성됩니다.

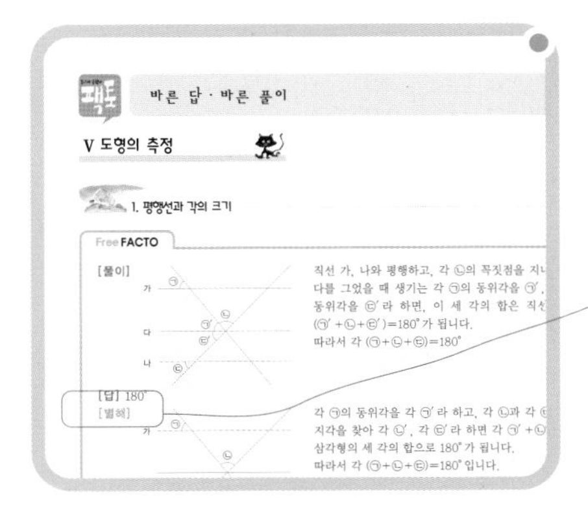

바른 답 · 바른 풀이

바른 답 · 바른 풀이와 함께
논리적으로 정리해요.

다양한 생각도 있답니다.

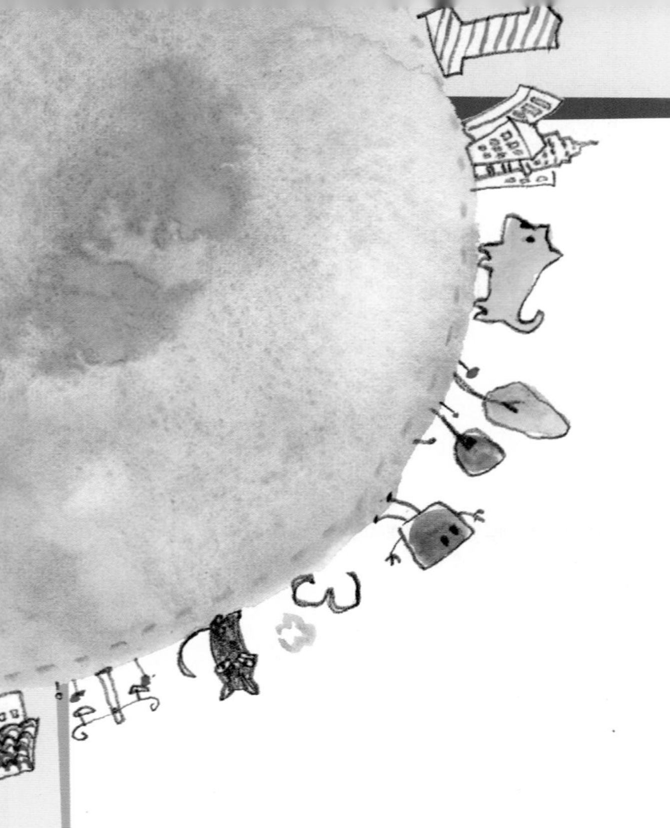

이 책의 차례

Ⅰ. 연산감각

Ⅱ. 퍼즐과 게임

Ⅲ. 기하

Ⅳ. 규칙 찾기

Ⅴ. 도형의 측정

머리말

서로 다른 펜토미노 조각 퍼즐을 맞추어 직사각형 모양을 만들어 본 경험이 있는지요?

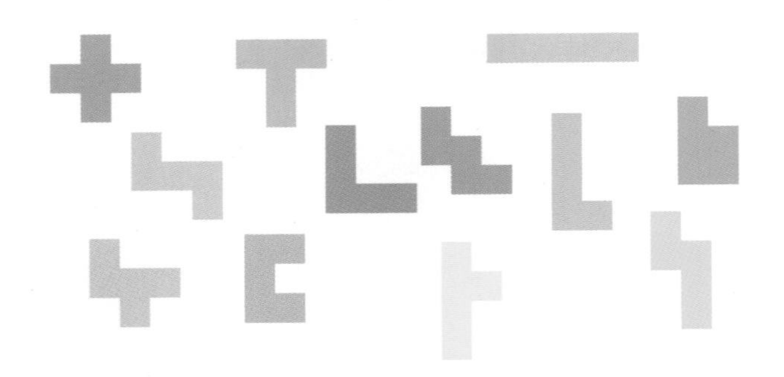

한참을 고민하여 스스로 완성한 후 느끼는 행복은 꼭 말로 표현하지 않아도 알겠지요. 퍼즐 놀이를 했을 뿐인데, 여러분은 펜토미노 12조각을 어느 사이에 모두 외워버리게 된답니다. 또 보도블록을 보면서 조각 맞추기를 하고, 화장실 바닥과 벽면의 조각들을 보면서 멋진 퍼즐을 스스로 만들기도 한답니다.
이 과정에서 공간에 대한 감각과 또 다른 퍼즐 문제, 도형 맞추기, 도형 나누기에 대한 자신감도 생기게 되지요. 완성했다는 행복감보다 더 큰 자신감과 수학에 대한 흥미가 생기게 되는 것입니다.

팩토가 만드는 창의사고력 수학은 바로 이런 것입니다.

수학 문제를 한 문제 풀었을 뿐인데, 그 결과는 기대 이상으로 여러분을 행복하게 해줍니다. 학교에서도 친구들과 다른 멋진 방법으로 문제를 해결할 수 있고, 중학생이 되어서는 더 큰 꿈을 이루는 밑거름이 되어 줄 것입니다.
물론 고민하고, 시행착오를 반복하는 것은 퍼즐을 맞추는 것과 같이 여러분들의 몫입니다. 팩토는 여러분에게 생각할 수 있는 기회를 주고, 그 과정에서 포기하지 않도록 여러분들을 도와주는 친구일 뿐입니다. 자 그럼 시작해 볼까요?
팩토와 함께 초등학교에서 배우는 기본을 바탕으로 창의사고력 10개 테마의 180주제를 모두 여러분의 것으로 만들어 보세요.

I 연산감각

1. 규칙 찾아 계산하기

Free FACTO

다음은 홀수의 합을 계산한 것입니다. 규칙을 찾아 □ 안에 알맞은 수를 써넣으시오.

$$1=1$$
$$1+3=4$$
$$1+3+5=9$$
$$1+3+5+7=16$$
$$\vdots$$
$$1+3+5+7+\cdots+17+19=\square$$

생각의 흐름

1. 제곱수는 $1(1\times1)$, $4(2\times2)$, $9(3\times3)$와 같이 같은 수를 두 번 곱한 수를 말합니다. 따라서 1부터 연속하는 홀수의 합은 모두 제곱수임을 알 수 있습니다. 홀수의 개수와 홀수의 합과의 규칙을 찾습니다.
2. 1부터 연속하는 홀수의 개수를 구하여 합을 구합니다.

LECTURE 홀수의 합의 규칙

1부터 연속하는 홀수의 합은 다음과 같이 그림으로도 알 수 있습니다.

1

1+3=2×2

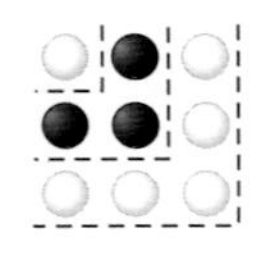

1+3+5=3×3

1+3+5+7=4×4

1+3+5+7+9=5×5

복잡한 계산도 규칙을 찾아 간단하게 계산할 수 있습니다.

다음을 보고 규칙을 찾아 주어진 식을 계산하시오.

$1=1\times1$, $9=3\times3$, $36=6\times6$, $100=10\times10$, $225=15\times15$, …

$1\times1\times1=1$
$1\times1\times1+2\times2\times2=9$
$1\times1\times1+2\times2\times2+3\times3\times3=36$
$1\times1\times1+2\times2\times2+3\times3\times3+4\times4\times4=100$
$1\times1\times1+2\times2\times2+3\times3\times3+4\times4\times4+5\times5\times5=225$

$$1\times1\times1+2\times2\times2+\cdots+10\times10\times10=\square$$

다음은 3을 여러 번 곱하여 일의 자리 숫자를 구한 것입니다. 3을 20번 곱하였을 때, 일의 자리 숫자는 무엇입니까?

일의 자리 숫자가 나오는 규칙을 찾습니다.

$3=3 \rightarrow 3$
$3\times3=9 \rightarrow 9$
$3\times3\times3=9\times3=27 \rightarrow 7$
$3\times3\times3\times3=27\times3=81 \rightarrow 1$
$3\times3\times3\times3\times3=81\times3=243 \rightarrow 3$
$3\times3\times3\times3\times3\times3=243\times3=729 \rightarrow 9$

2. 연속수의 합으로 나타내기

Free FACTO

18을 연속하는 수의 합으로 나타내면 다음 2가지 방법이 있습니다.

$$18=5+6+7$$

$$18=3+4+5+6$$

30을 연속하는 수의 합으로 나타내는 방법을 모두 쓰시오. 몇 가지입니까?

생각의 흐름

1 1에서 8까지의 수를 더하면 36이므로 30을 아무리 작은 연속수의 합으로 나타낸다 하더라도 8개가 될 수 없습니다.

2 연속수의 개수를 2개에서 7개라 놓고 각각의 경우 연속수의 합으로 나타낼 수 있는지 알아봅니다.

30=□+□ ← 불가

30=9+10+11 ← 가능

30=□+□+□+□

30=□+□+□+□+□

30=□+□+□+□+□+□

30=□+□+□+□+□+□+□

예제 01

8+9+10+11=38과 같이 8부터 11까지 연속하는 네 수의 합은 38입니다. 만일 연속하는 네 수의 합이 242라면, 네 수 중 가장 작은 수는 얼마입니까?

연속하는 네 수는 가운데 두 수의 합과 양끝에 있는 두 수의 합이 같습니다.

예제 02 42를 가능한 한 여러 가지 방법으로 연속하는 수의 합으로 나타내어 보시오.

연속수의 개수를 2개에서 8개라 놓고, 각각의 경우 연속수의 합으로 나타낼 수 있는지 알아봅니다.

LECTURE 연속수의 합

5, 6, 7, 8과 같이 작은 수부터 연속되어 있는 수를 연속수라 합니다. 이러한 연속수의 합을 구해 보면

① 연속수의 개수가 홀수일 때
(연속수의 합)=(가운데 수)×(개수)
(예) 7+8+⑨+10+11=9×5=45 (5개)

② 연속수의 개수가 짝수일 때 (연속수의 합)=(가운데 두 수의 합)×(개수)÷2입니다.
(예) 5+6+(7+8)+9+10=(7+8)×6÷2=45 (3쌍)

이 성질을 거꾸로 이용하면 어떤 수를 연속수의 합으로 나타낼 수 있습니다.

③ 45=9×5이므로 가운데 수가 9인 5개의 연속수의 합으로 나타낼 수 있습니다.
45=9×5=7+8+⑨+10+11 (5개)

④ 45=15×3이므로 가운데 두 수의 합이 15이고, 두 수의 합이 15인 두 수가 세 쌍 있습니다.
45=15×3=(7+8)×6÷2=5+6+(7+8)+9+10 (3쌍)

어떤 수를 연속수의 합으로 나타내려면 어떤 수를 두 수의 곱으로 나타낸 다음, 하나의 수를 가운데 수 (또는 가운데 두 수의 합)라 하고, 또 하나의 수를 개수라 하여 따져 보면 돼.

3. 숫자의 합

Free FACTO

2에서 20까지 짝수의 각 자리 숫자의 합은 47입니다.

$$2+4+6+8+(1+0)+(1+2)+(1+4)+(1+6)+(1+8)+(2+0)=47$$

이와 같이 계산할 때 2에서 100까지 짝수의 각 자리 숫자의 합은 얼마입니까?

생각의 흐름

1. 2에서 100까지의 짝수 중에서 각 숫자가 몇 개씩 있는지 구합니다. 이때, 짝수와 홀수로 나누어 생각하면 되고, 숫자의 합을 구하는 것이므로 0은 생각할 필요가 없습니다.
2. 각 숫자의 개수와 각 숫자를 곱하여 각 숫자의 합을 구합니다.
3. 2에서 구한 합을 더하여 2에서 100까지 짝수의 각 자리 숫자의 합을 구합니다.

LECTURE 숫자의 합

10에서 14까지의 수의 합은
10+11+12+13+14=60이고,
숫자의 합은
(1+0)+(1+1)+(1+2)+(1+3)+(1+4)=15가 됩니다.
1에서 99까지 수의 합은 가우스 방식을 이용하면 4950을 구할 수 있습니다.
1에서 99까지 숫자의 합을 구해 봅시다.
1에서 99까지의 수를 쓸 때 숫자 1은 다음과 같이 20번 쓰게 됩니다.
일의 자리에 쓸 때:
1, 11, 21, 31, 41, 51, 61, 71, 81, 91로 10개
십의 자리에 쓸 때:
10, 11, 12, 13, 14, 15, 16, 17, 18, 19로 10개
나머지 2에서 9까지의 숫자도 마찬가지로 20번씩 쓰게 됩니다.
즉, 1에서 99까지의 수에서 각 숫자는 20번씩 있게 됩니다. 따라서 숫자의 합은
(1+2+3+4+5+6+7+8+9)×20=900입니다.

1에서 99까지 각 숫자는
일의 자리에 10번
십의 자리에 10번
모두 20번씩 쓰게 되지.
그래서 각 숫자의 합은 1에서 9까지의 합 45에 20을 곱하면 돼!

수 27, 28, 29에서 각 자리 숫자의 합은 $(2+7)+(2+8)+(2+9)=30$입니다.
1에서 25까지 각 자리 숫자의 합은 얼마입니까?

일의 자리와 십의 자리를 나누어 생각해 봅니다.

1부터 9까지 각 자리의 숫자를 더하면 $1+2+3+4+5+6+7+8+9=45$이고, 10부터 13까지의 각 자리의 숫자를 더하면 $1+0+1+1+1+2+1+3=10$입니다. 10부터 99까지 두 자리 수의 각 자리 숫자를 모두 더하면 얼마입니까?

일의 자리와 십의 자리로 나누어 생각해 봅니다.

7을 77번 곱한 수의 일의 자리 숫자를 구하시오.

KeyPoint
일의 자리 숫자를 구하면 되므로 7을 한 번씩 곱해가며 일의 자리의 규칙을 찾습니다.

다음과 같이 3×3, 5×5, 7×7, …은 각각 3개, 5개, 7개, …의 연속하는 수의 합으로 나타낼 수 있습니다.

$$3\times3=2+3+4$$
$$5\times5=3+4+5+6+7$$
$$7\times7=4+5+6+7+8+9+10$$
$$\vdots$$

이와 같은 방법으로 33×33을 연속하는 수의 합으로 나타내어 보시오.

KeyPoint
3×3은 세 수의 합으로 나타내고 가운데 수가 3, 5×5는 다섯 수의 합으로 나타내고 가운데 수가 5입니다.

100부터 199까지의 수를 모두 더한 값의 일의 자리 숫자와 십의 자리 숫자는 각각 무엇입니까?

KeyPoint

백의 자리 숫자를 더한 값은 일의 자리, 십의 자리 숫자에 영향을 주지 않습니다.

다음 계산 규칙을 찾아, □ 안에 알맞은 수를 써넣으시오.

$$2=1\times2$$
$$2+4=2\times3=6$$
$$2+4+6=3\times4=12$$
$$2+4+6+8=4\times5=20$$
$$\vdots$$
$$2+4+6+\cdots+100=\square\times\square=\square$$

KeyPoint

더한 짝수의 개수와 곱의 관계를 찾아봅니다.

형민이는 오늘 책을 어느 쪽부터 연속하여 8쪽 읽었는데 읽은 부분의 쪽수를 모두 더해 보니 628이 되었습니다. 형민이는 책을 몇 쪽부터 읽었습니까?

KeyPoint

628을 8개의 연속수의 합으로 나타냅니다.

다음과 같이 [ ]를 각 자리 숫자 중 짝수의 합이라 약속합니다.

[24]=2+4=6	[136]=6
[258]=2+8=10	[5168]=6+8=14

다음을 구하시오.

[10]+[11]+[12]+[13]+⋯+[98]+[99]

KeyPoint

10부터 99까지 짝수인 숫자를 모두 더한 것입니다.

연속하는 세 수 3, 4, 5의 곱은 $3\times4\times5=60$입니다. 세 수의 곱이 504가 되는 연속하는 세 수 중 가장 큰 수는 얼마입니까?

KeyPoint
세 수를 짐작하여 계산해 보고, 그 수보다 작아야 하는지 커야 하는지를 생각해 봅니다.

다음 연속하는 네 수의 덧셈을 보고, 250을 연속하는 네 수의 합으로 나타내어 보시오.

$1+2+3+4=10$
$2+3+4+5=14$
$3+4+5+6=18$
$4+5+6+7=22$
⋮

KeyPoint
가운데 두 수의 합은 $250\div2=125$입니다.

4. 계산 결과의 최대, 최소

Free FACTO

다음 식의 □ 안에 1에서 9까지의 수 중에서 서로 다른 5개의 수를 넣을 때, 계산 결과가 가장 클 때의 값은 얼마입니까?

$$\square+(\square-\square)\times\square-\square$$

생각의 흐름
1 곱해지는 수가 가장 커지도록 수를 써넣습니다.
2 빼지는 수는 작게, 더해지는 수는 크게 나머지 칸을 채워 계산합니다.

LECTURE 계산 결과가 가장 크게

계산 결과를 크게 하려면 곱하는 수와 더하는 수는 크게, 빼는 수와 나누는 수는 작게 해야 합니다.

① 1이 나오는 경우
■×1=■, ■+1=■+1이므로 더하는 것이 곱하는 것보다 더 큽니다.

② 1이 아닌 경우
곱하는 것이 더하는 것보다 같거나 크므로 계산 결과를 가장 크게 하려면 더하는 수보다 곱하는 수를 더 크게 해야 합니다.

계산 결과를 크게 하려면 곱하는 수와 더하는 수를 크게, 빼는 수와 나누는 수를 작게 해야 돼.
1이 아닌 경우는 곱하는 수를 가장 크게 만들면 돼.

1부터 9까지의 숫자가 적혀 있는 9장의 숫자 카드를 이용하여 다음과 같이 세 자리 수 3개를 사용한 식을 만들 때, 계산 결과가 가장 클 때의 값은 얼마입니까?

➲ 더하는 수는 크게, 빼는 수는 작게 해야 합니다.

□□□ + □□□ − □□□

다음 ◯ 안에 + 또는 ×만을 넣어 계산할 때, 계산 결과가 가장 작을 때의 값은 얼마입니까?

➲ (1+2)는 (1×2)보다 큽니다.

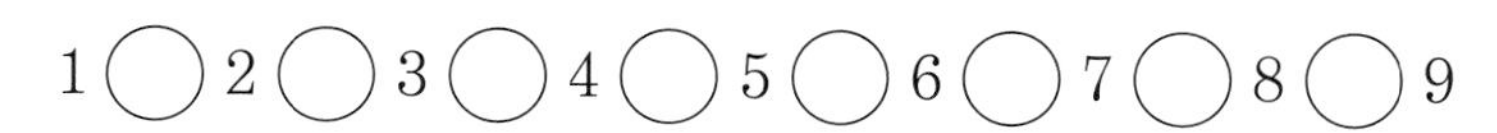

5. 수 만들기

Free FACTO

◯ 안에 +, −를 적당하게 넣어 계산 결과가 100이 되게 만들어 보시오.

123 ◯ 4 ◯ 5 ◯ 67 ◯ 89=100

생각의 흐름

1 모두 +를 넣었다고 했을 때의 합을 구한 다음, 그 합이 100보다 얼마나 큰지 구합니다.

2 1에서 구한 값의 $\frac{1}{2}$ 만큼의 수를 찾아, 그 수 앞의 기호를 +에서 −로 바꿉니다.

LECTURE 100 만들기

1에서 9까지의 숫자를 한 번씩 쓰고 +, −, ×, ÷, ( ) 등을 이용하여 100을 만들 수 있습니다.

① 1, 2, 3을 붙여 123을 만듭니다.

② 나머지 숫자 4, 5, 6, 7, 8, 9로 23을 만들어 뺍니다.

4, 5, 6, 7, 8, 9로 23을 만들어 보면

4+5+6+7+8+9=39이므로 +8을 −8로 만들면

4+5+6+7−8+9=23이 됩니다. 따라서

123−(4+5+6+7−8+9)=100

이외에도 100을 만드는 방법은 여러 가지가 있습니다.

주어진 숫자와 연산 기호를 이용하여 어떤 수를 만들 때에는 간단히 몇 개의 숫자로 어떤 수에 가깝게 만든 다음, 나머지 숫자를 이용하여 어떤 수를 정확하게 만들면 됩니다.

목표수를 만들 때에는 몇 개의 숫자를 붙여 목표수에 가깝게 만든 다음, 나머지 숫자로 목표수와의 차만큼 만들면 돼.

다음은 1에서 9까지의 숫자를 한 번씩 쓰고, 덧셈을 이용하여 여러 가지 수를 만든 것입니다.

$$1+2+3+4+5+6+7+8+9=45$$
$$1+2+3+45+6+7+8+9=81$$

같은 방법으로 1에서 9까지의 숫자를 한 번씩 이용하여 합이 99가 되도록 만들어 보시오.

숫자를 붙여 99에 가까운 수를 먼저 만들어 보고, 합이 99가 넘으면 붙여 만드는 두 자리 수를 줄여 나갑니다.

다음 숫자들 사이에 +를 적당하게 넣어 그 계산 결과가 500이 되도록 만들어 보시오. 단, 숫자와 숫자 사이에 반드시 +를 넣을 필요는 없습니다.

숫자를 붙여 500에 가까운 수를 만듭니다.

4　4　4　4　4　4　4　4=500

6. 벌레먹은셈

Free FACTO

다음 □ 안에 적당한 숫자를 넣어 나눗셈이 성립하게 만들어 보시오.

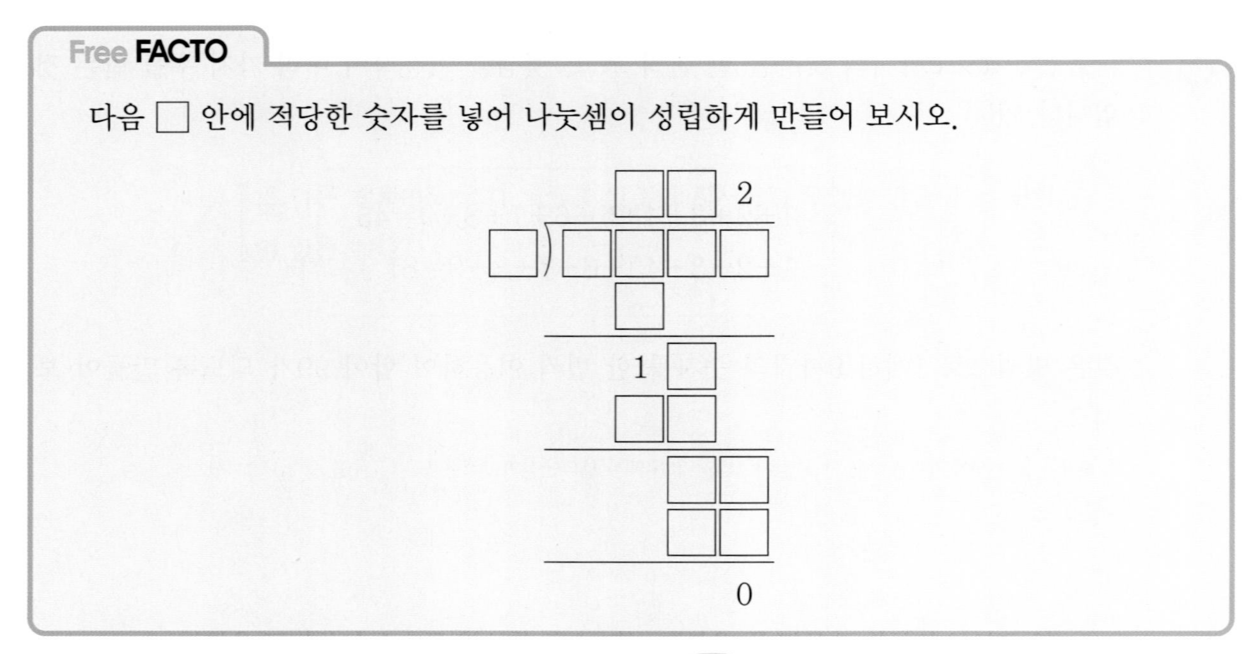

생각의 흐름

1 다음 색칠된 부분의 칸에 들어갈 숫자를 구합니다.

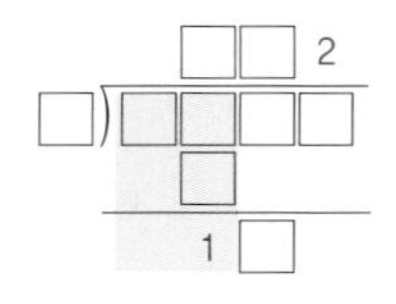

2 나누는 수와 몫의 백의 자리를 구합니다.

3 나머지 빈칸을 채웁니다.

LECTURE 벌레먹은셈

주어진 식이 벌레 먹은 모습과 같다고 해서 벌레먹은셈이라 합니다.

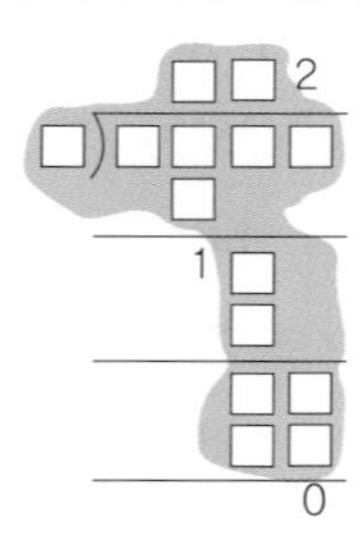

벌레먹은셈에서

① 가장 큰 자리 숫자는 항상 0이 아니고,

② 한 칸에 한 숫자만 들어가므로 주어진 수가 몇 자리의 수인지 알 수 있습니다.

벌레먹은셈을 풀 때에는 주어진 수를 이용하여 먼저 알 수 있는 칸의 숫자를 모두 채운 후, 어떤 수를 가정하여 확인하는 방법을 이용합니다.

□ 안에 알맞은 숫자를 써넣으시오.

9－□＝2에서 □ 하나를 구합니다. 7＝1×7 또는 7＝7×1의 두 가지 경우를 생각해 봅니다.

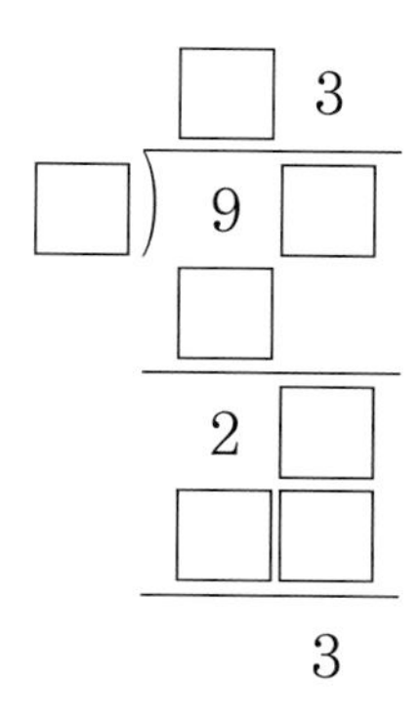

곱셈식이 성립하도록 □ 안에 알맞은 숫자를 써넣으시오.

3에 어떤 수를 곱했을 때 그 곱의 일의 자리 숫자가 1입니다.

$$
\begin{array}{rccccc}
 & & & 5 & \square & 3 \\
\times & & & & 6 & \square \\
\hline
 & & 3 & \square & \square & 1 \\
 & 3 & \square & 3 & 8 & \\
\hline
 & 3 & \square & \square & \square & 1
\end{array}
$$

Creative 팩토

다음 식의 ◯ 안에 +, −, ×를 한 번씩만 넣어 계산할 때, 계산 결과가 가장 클 때의 값은 얼마입니까?

8 ◯ 7 ◯ 6 ◯ 5

KeyPoint
계산 결과가 가장 크려면 빼는 값이 가장 작아야 합니다.

다음 나눗셈에서 알맞은 숫자를 □ 안에 써넣으시오.

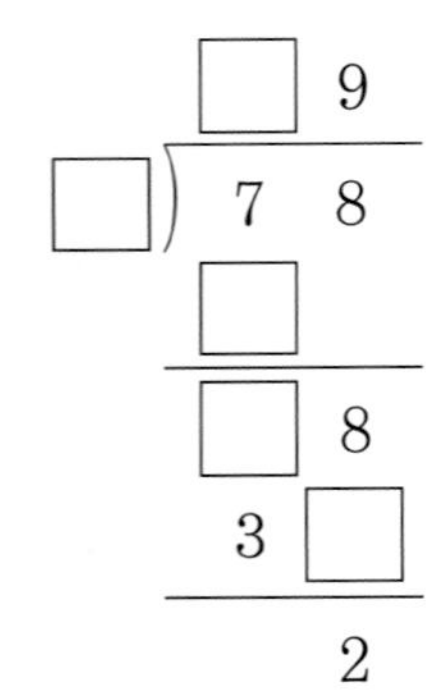

KeyPoint
아래 두 칸의 수를 가장 먼저 찾을 수 있습니다.

응용 3

1부터 9까지의 숫자 카드가 한 장씩 있습니다. 다음 곱셈식에 서로 다른 숫자 카드를 넣는다고 할 때, 두 자리 수 ㉠㉡ 중 가장 큰 수를 구하시오. 단, 나머지가 없이 나누어떨어져야 합니다.

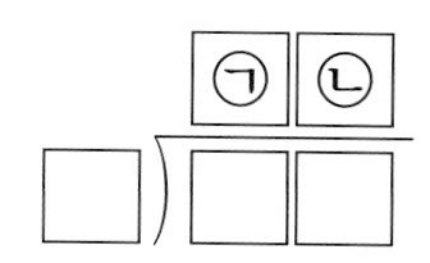

Key Point
나눈 몫이 커지려면 나누어지는 수는 크고 나누는 수는 작아야 합니다.

응용 4

다음 식의 □ 안에 모두 같은 숫자를 넣어 식이 성립하도록 하려고 합니다. □ 안에 들어갈 숫자를 구하시오.

$$(\square+\square)+(\square-\square)+(\square\times\square)+(\square\div\square)=64$$

Key Point
□ 안에 모두 같은 수가 들어가므로 □−□=0, □÷□=1입니다.

다음 등식이 성립하도록 ◯ 안에 +, −, ×, ÷를 하나씩 써넣으시오.

$$4 \bigcirc (7 \bigcirc 2) \bigcirc 24 \bigcirc 8=33$$

Key Point

여러 가지 방법으로 넣어 보고, 계산 결과를 확인합니다.

숫자 카드 [1], [2], [3], [4]를 다음 식에 하나씩 넣어 계산할 때, 계산 결과가 가장 큰 값, 둘째 번으로 큰 값, 셋째 번으로 큰 값을 차례로 구하시오.

$$\square\square \times \square\square$$

Key Point

가장 큰 값은 41×32입니다.

다음 등식이 성립하도록 ○ 안에 +, −를 써넣으시오.

$$9 \bigcirc 8 \bigcirc 76 \bigcirc 5 \bigcirc 43 \bigcirc 21=50$$

Key Point

○ 안에 +, −를 넣어 계산 결과가 50보다 큰지 작은지 확인하고, +와 −를 조정합니다.

곱셈식이 성립하도록 □ 안에 알맞은 숫자를 써넣으시오.

```
      9 □
 ×    □ □
 ─────────
      □ □
    □ □
 ─────────
  □ □ □ 9
```

Key Point

9□×□의 계산 결과가 두 자리 수입니다.

Thinking 팩토

다음을 보고 규칙을 찾아 □ 안에 알맞은 수를 써넣으시오.

$$9+99=108$$
$$9+99+999=1107$$
$$9+99+999+9999=11106$$
$$9+99+999+9999+99999=111105$$

$$9+99+999+9999+99999+\cdots+99999999=\square$$

90을 가능한 한 여러 가지 방법으로 연속하는 수의 합으로 나타내어 보시오.

다음 숫자들 사이에 +, −를 적당하게 넣어 그 계산 결과가 200이 되도록 만들어 보시오. 단, 숫자와 숫자 사이에 반드시 +, −를 넣을 필요는 없습니다.

$$1\quad 1\quad 1\quad 1\quad 1\quad 1\quad 1\quad 1\quad 1\quad 1=200$$

다음과 같이 10개의 수를 모두 더했을 때, 합의 천의 자리 숫자는 얼마입니까?

$$\begin{array}{r} 3 \\ 33 \\ 333 \\ 3333 \\ 33333 \\ 333333 \\ 3333333 \\ 33333333 \\ 333333333 \\ +\quad 3333333333 \\ \hline \end{array}$$

숫자 카드 [2], [3], [5], [7], [9] 를 다음 식에 하나씩 넣어 계산할 때, 계산 결과가 가장 클 때의 값은 얼마입니까? 단, 나누기를 할 때 나머지가 없이 나누어떨어져야 합니다.

□□ − □□ ÷ □

0부터 10까지의 수를 다음과 같이 일렬로 나열할 때, 모든 숫자의 합은 46입니다.

0 1 2 3 4 5 6 7 8 9 1 0

0부터 100까지의 수를 일렬로 나열할 때, 모든 숫자의 합을 구하시오.

0 1 2 3 4 5 6 7 ⋯ 9 8 9 9 1 0 0

나눗셈이 성립하도록 □ 안에 알맞은 숫자를 써넣으려고 합니다. 물음에 답하시오.

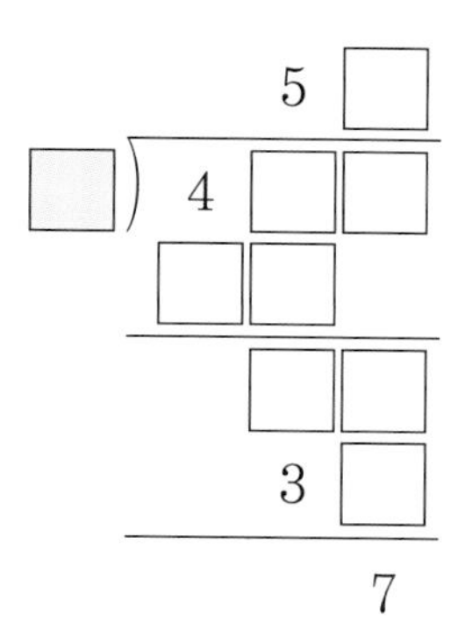

(1) 나눗셈식의 나머지는 7입니다. □ 안에 들어갈 수 있는 두 수를 쓰시오.

(2) (1)에서 구한 두 수 중 작은 수를 ㉠이라고 할 때, □ 안에 알맞은 숫자를 쓰시오.

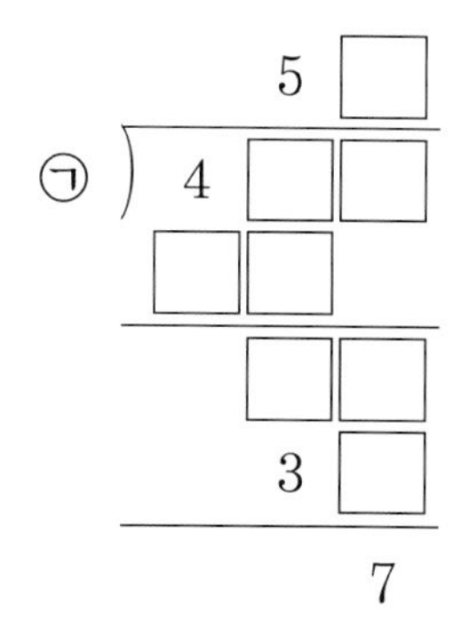

(3) (1)에서 구한 두 수 중 큰 수를 ㉡이라고 할 때, □ 안에 알맞은 숫자를 쓰시오.

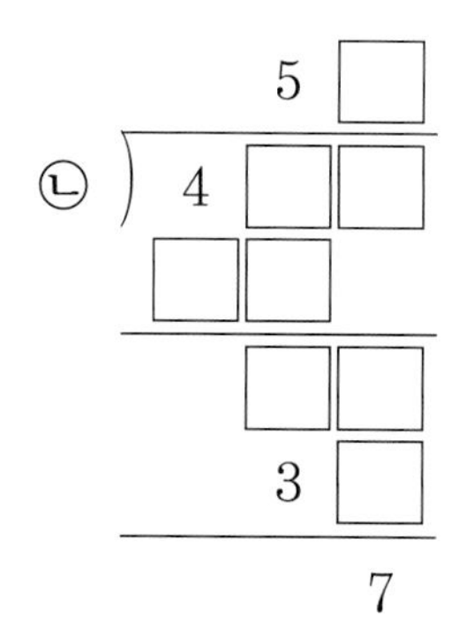

Memo

Ⅱ 퍼즐과 게임

1. 지뢰찾기

Free FACTO

다음 |보기|와 같이 선을 그어 보시오.

보기

- 원 안의 수는 연결된 선분의 개수입니다.
- 선을 이을 때에는 가로, 세로, 대각선 방향으로 하나씩 이을 수 있습니다.

1	3	1	1
2	2	4	1
1	3	3	2
1	2	2	1

1	3	3	1
3	5	1	1
1	3	6	1
2	1	1	3

생각의 흐름

1 6, 1과 연결된 선분을 조건에 맞게 긋습니다.

2 이미 그어진 선분의 개수와 원 안의 수를 보고, 나머지를 완성합니다.

LECTURE 지뢰찾기

지뢰찾기는 컴퓨터에 기본적으로 제공되는 게임인데 그림과 같이 정사각형 안에 그 정사각형을 둘러싼 8개의 정사각형 중에서 지뢰가 있는 정사각형의 개수를 써넣어서 만든 게임입니다. 수가 쓰인 정사각형을 보고 지뢰가 있는 정사각형을 찾아 표시하는 게임으로 1 또는 8과 같이 경우의 수가 작은 경우부터 차례로 빈칸을 채워가며 가능한 경우를 줄여 가는 것입니다.

|보기| 와 같이 주어진 수는 그 수를 둘러싼 4개의 점을 연결하고 있는 선분의 개수를 나타냅니다.

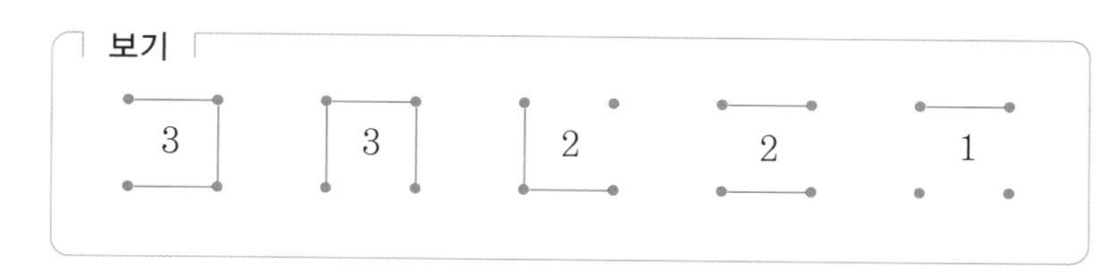

같은 방법으로 다음 그림의 점과 점을 연결하여 도형을 완성하시오. 단, 선분은 끊어진 곳이 없도록 모두 연결되어 있어야 합니다.

0의 주변에는 선분이 올 수 없으므로 ×0× 로 표시합니다.

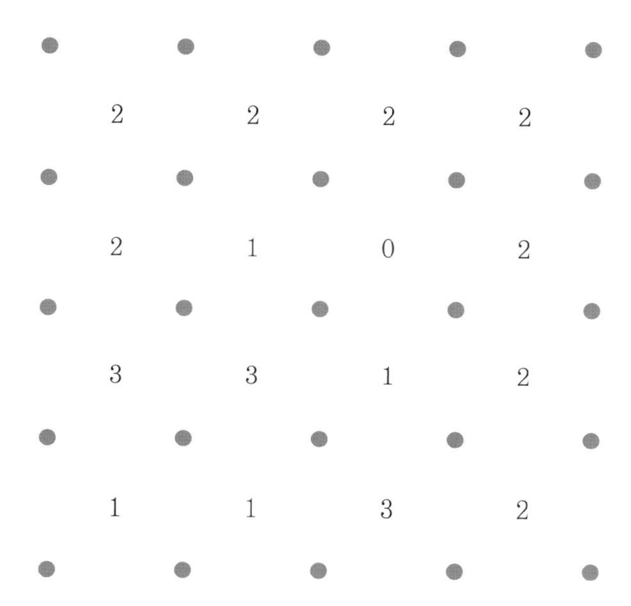

2. 여러 가지 마방진의 응용

Free FACTO

다음 ◯ 안에 1에서 12까지 12개의 수를 넣어 사각형의 각 변 위에 있는 네 수의 합이 같게 만들어 보시오. 단, 네 수의 합이 가장 클 때와 가장 작을 때를 각각 만듭니다.

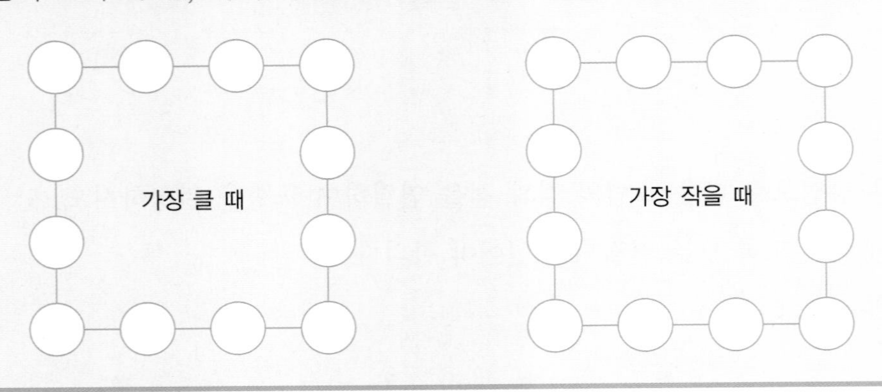

생각의 흐름

1 꼭짓점에 있는 네 수는 한 변의 네 수의 합에 2번씩 들어가게 됩니다.

2 한 변 위의 네 수의 합이 가장 크려면 꼭짓점에 들어갈 수가 가장 커야 합니다. 꼭짓점에 들어갈 수를 정하고 각 변 위의 네 수의 합을 구하여 완성합니다.
(네 수의 합)×4=(1+2+3+⋯+11+12)
+(9+10+11+12)

3 한 변 위의 네 수의 합이 가장 작으려면 꼭짓점에 들어갈 수가 작아야 합니다. 위와 같은 방법으로 모양을 완성합니다.

1에서 10까지의 수를 다음 ◯ 안에 써넣어 오각형의 각 변 위에 있는 세 수의 합을 같게 만들어 보시오. 단, 세 수의 합이 가장 크게 만듭니다.

◐ 꼭짓점에 있는 다섯 수는 한 변의 세 수의 합에 두 번씩 들어갑니다.

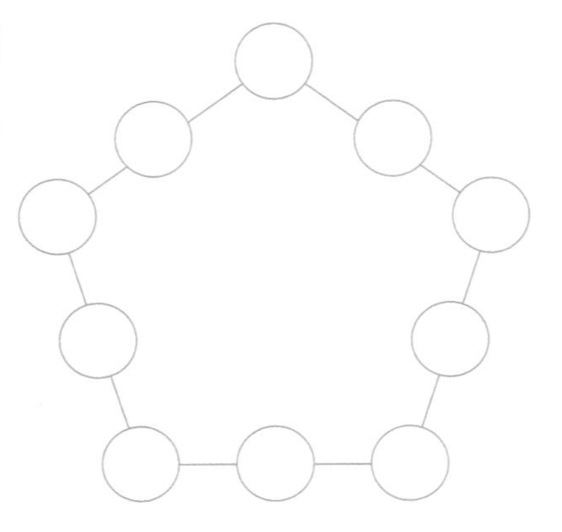

LECTURE 마방진의 풀이 방법

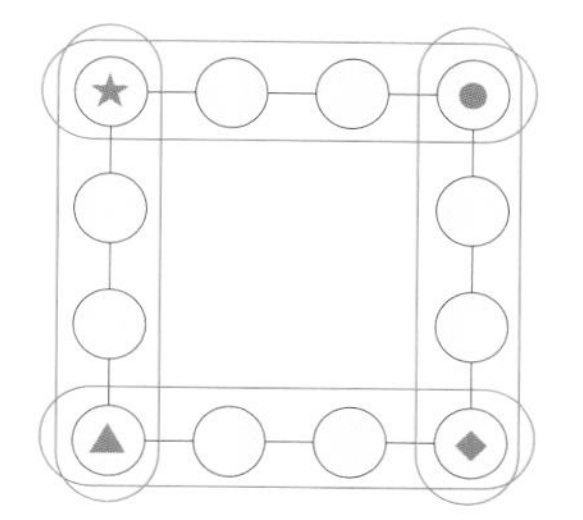

왼쪽 문제에서 각 변 위에 있는 네 수의 합을 □라 하고, 사각형의 네 변의 합을 모두 더하면 꼭짓점에 있는 네 수 (★, ●, ▲, ◆)는 두 번씩 더해지게 됩니다. 따라서,
4×□=(1+2+3+…+11+12)+(★+●+▲+◆)=78+(★+●+▲+◆)

꼭짓점에 있는 네 수의 합 (★+●+▲+◆)은 가장 작게는 1+2+3+4=10이고, 가장 크게는 9+10+11+12=42입니다.

★+●+▲+◆=10일 때,
4×□=78+(★+●+▲+◆)=78+10=88
이므로 □=22가 됩니다.

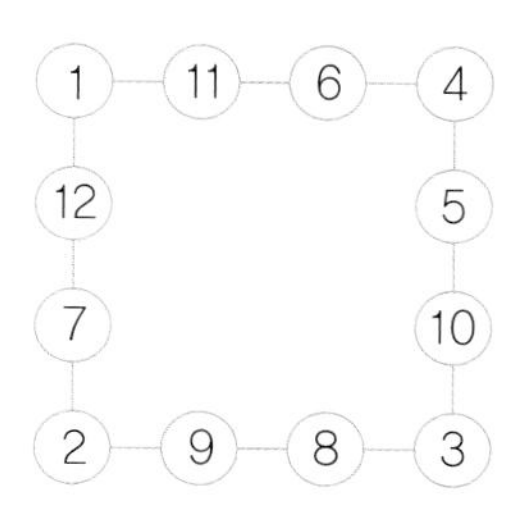

따라서, 꼭짓점에 1, 2, 3, 4를 넣고 각 변 위의 네 수의 합이 22가 되게 만들면 오른쪽과 같습니다.

★+●+▲+◆=11일 때,
4×□=78+(★+●+▲+◆)=78+11=89
이므로 □= $\frac{89}{4}$ 가 됩니다.

한 변 위의 네 수의 합은 분수가 될 수 없는데 $\frac{89}{4}$ 가 되어 논리적으로 맞지 않습니다.

따라서 꼭짓점의 네 수의 합이 11이 되게 만들 수 없습니다.

이런 식으로 풀어 나가면 ★+●+▲+◆은 10, 14, 18, 22, 26, 30, 34, 38, 42가 될 수 있고, 각각의 경우 한 변 위의 네 수의 합이 같도록 만들 수 있습니다.

3. 샘 로이드 퍼즐

Free FACTO

넓이가 1인 정사각형 5개로 만든 펜토미노 조각이 있습니다. 이 조각을 3조각으로 잘라 넓이가 5인 오른쪽 정사각형을 모두 덮으려고 합니다. 어떻게 잘라야 하는지 조각 위에 자르는 선을 그으시오.

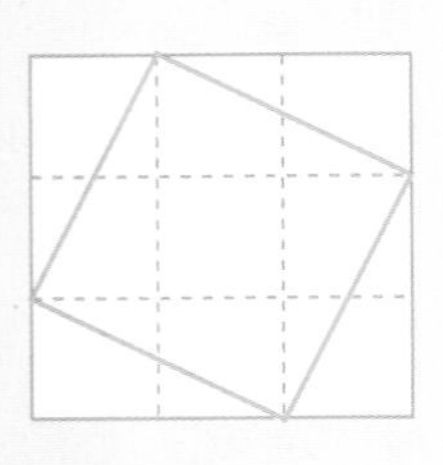

생각의 흐름
1. 왼쪽 조각을 오른쪽 정사각형 위에 올립니다.
2. 정사각형과 겹치지지 않는 조각의 일부를 잘라 정사각형의 나머지 부분을 채웁니다.

예제 01 다음은 크기가 다른 정사각형 2개를 붙여 만든 도형입니다. 도형을 3조각으로 잘라 겹치거나 남는 부분이 없이 맞추어 정사각형으로 만들려고 합니다. 어떻게 잘라야 하는지 선을 그어 나타내시오.

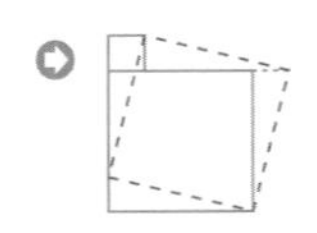

LECTURE 1/n 정사각형 만들기

$\frac{1}{5}$ 정사각형 만들기

정사각형의 각 변의 $\frac{1}{2}$ 지점과 각 꼭짓점을 그림과 같이 이었습니다. 이렇게 만들어진 작은 정사각형은 처음 정사각형의 넓이의 $\frac{1}{5}$ 입니다.

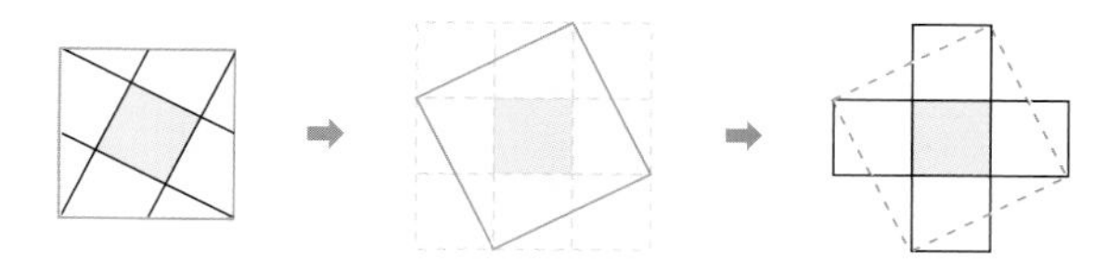

$\frac{1}{10}$ 정사각형 만들기

그림과 같이 정사각형의 각 변의 $\frac{1}{3}$ 지점과 각 꼭짓점을 이어 만든 작은 정사각형의 넓이는 처음 정사각형의 넓이의 $\frac{1}{10}$ 입니다.

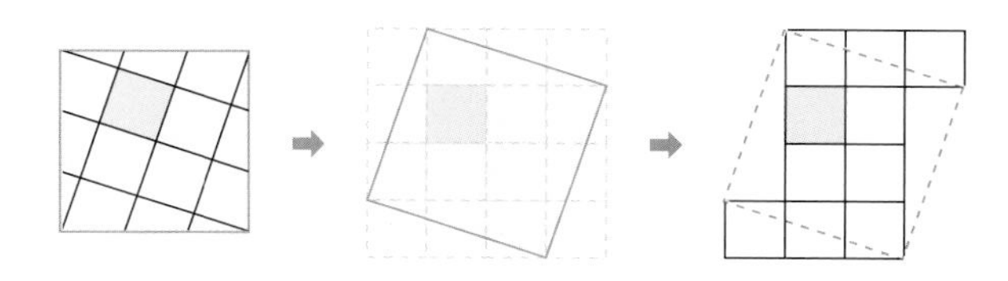

〈샘 로이드 퍼즐〉
Puzzle은 '당황하게 하고, 골머리를 아프게 하는 일'이란 뜻을 가지고 있습니다.
샘 로이드는 19세기 말에서 20세기 초 그림이나 도구를 사용하여 10000개가 넘는 퍼즐을 만든 최고의 퍼즐리스트입니다.
그가 만든 퍼즐을 풀기 위해 가게 주인은 문 여는 것을 잊어버리고, 기관사는 정거장을 지나치고, 항해사들은 배를 난파시켰다고 합니다. 그래서 프랑스에서는 업무 중에는 퍼즐을 금지하기도 했습니다.
오른쪽 그림은 샘 로이드가 만든 퍼즐 중의 하나로 정사각형을 그림처럼 5조각으로 나눈 것입니다. 이 조각들을 다시 이어 붙여 직사각형, 직각삼각형, 평행사변형, 십자가 모양을 만들어 보세요.

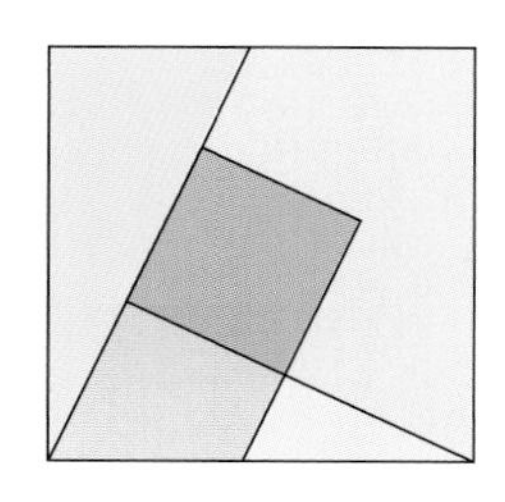

Creative 팩토

다음 |보기|와 같이 점과 점 사이를 선분으로 연결하여 보시오.

보기

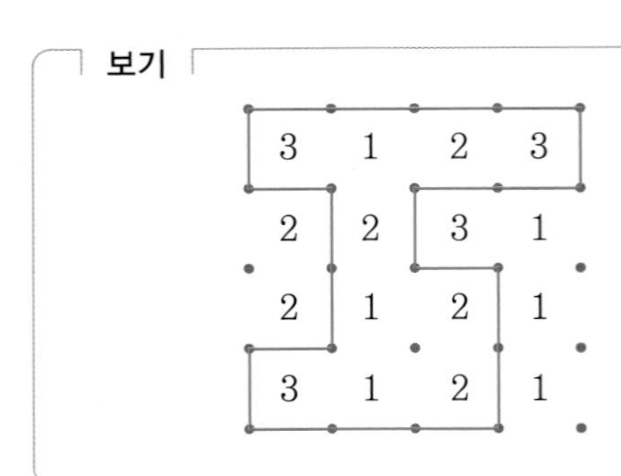

• 점과 점 사이의 수는 그 수를 둘러싼 선분의 개수입니다.

3 2 1

• 시작과 끝이 연결되어야 합니다.

3	1	3	1
2	2	3	1
1	1	2	3
1	3	2	1

다음 ◯ 안에 1에서 6까지의 수를 써넣어 정사각형 모양의 네 수의 합이 13이 되게 만들어 보시오.

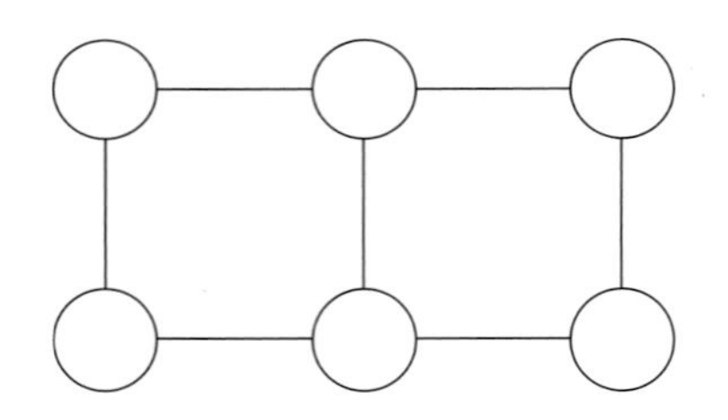

KeyPoint
가운데 두 수를 먼저 구합니다.

1에서 8까지의 수를 ◯ 안에 써넣어 사각형의 각 변 위의 세 수의 합이 같게 만들어 보시오. 모두 몇 가지가 있습니까? 단, 사각형의 변 위의 세 수의 합이 같으면 같은 방법으로 봅니다.

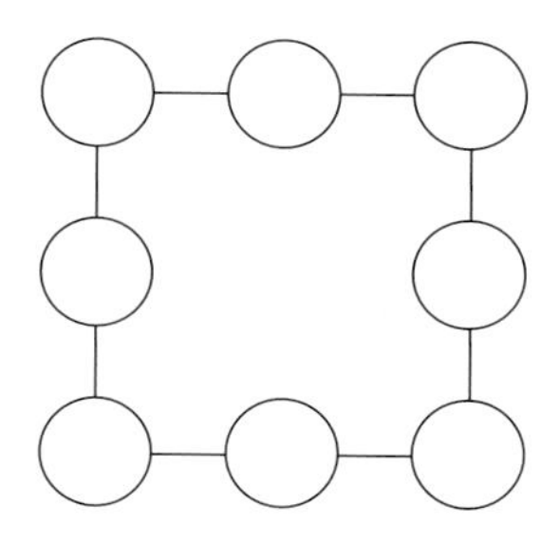

Key Point

중복되어 더해지는 꼭짓점 위의 네 수의 합을 구합니다.

가로, 세로가 각각 2cm, 1cm인 직사각형 6개를 이어 가로 4cm, 세로 3cm인 직사각형을 만들었습니다. 이 직사각형을 선을 따라 두 조각으로 나누어 이어 붙여 오른쪽과 같은 모양이 되도록 만들려고 합니다. 그 방법을 그림을 그려 설명하시오.

Key Point

'ㄱ', 'ㄴ' 모양으로 나눕니다.

다음은 넓이가 1인 작은 정사각형을 붙여 만든 도형을 2조각으로 잘라 붙여 넓이가 4인 정사각형을 만든 것입니다.

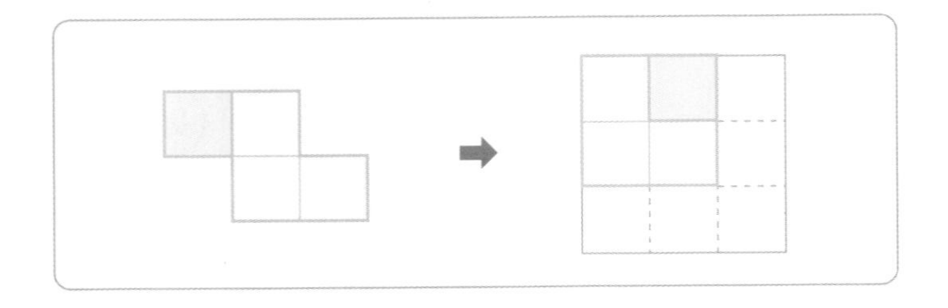

(1) 왼쪽 조각을 3조각으로 잘라 붙여 넓이가 5인 정사각형을 만드시오.

(2) 왼쪽 조각을 3조각으로 잘라 붙여 넓이가 10인 정사각형을 만드시오.

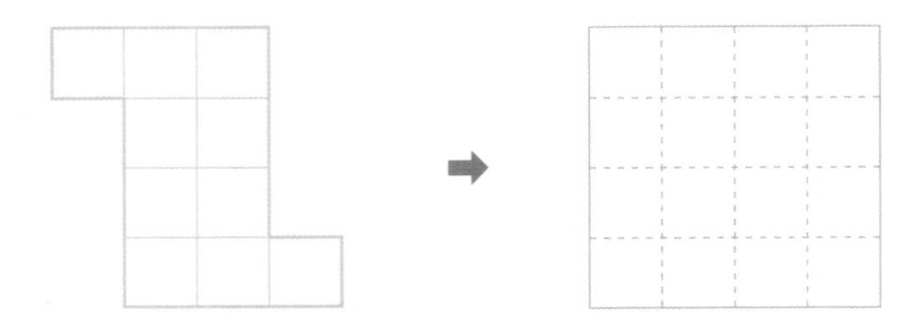

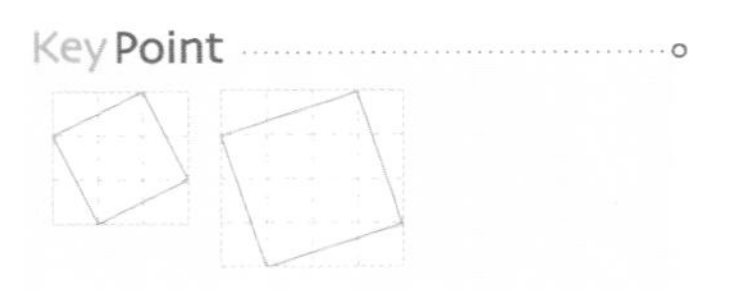

응용 6 정육면체의 꼭짓점에 1에서 8까지의 수를 넣어 각 면에 있는 네 수의 합이 모두 같게 만들려고 합니다. 물음에 답하시오.

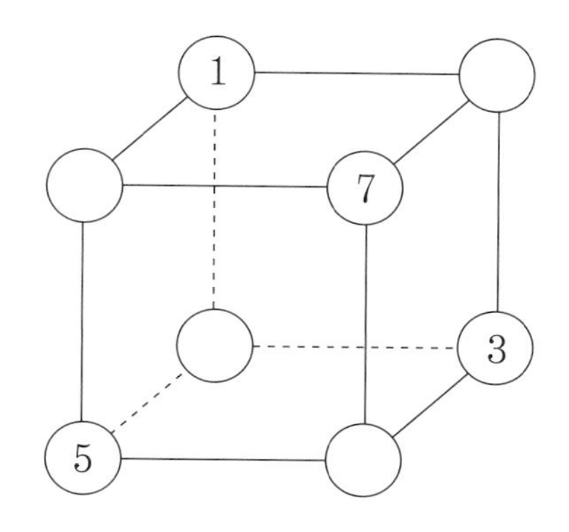

(1) 각 면에 있는 네 수의 합은 얼마가 되어야 합니까?

(2) 가장 큰 수인 8이 들어갈 수 있는 칸을 찾아보시오.

(3) 각 면에 있는 네 수의 합이 같도록 빈칸을 모두 채우시오.

4. 게임 전략

Free FACTO

민수와 희영이가 다음과 같은 원에 점을 10개 찍고 선잇기 게임을 합니다.

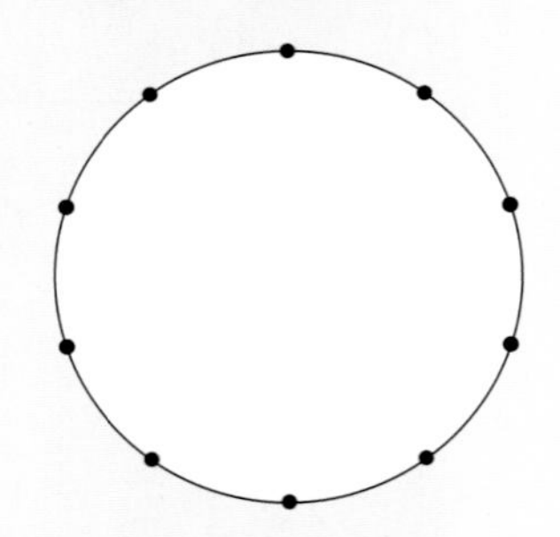

다음과 같이 번갈아 가며 두 점을 잇는 선분을 그리는데, 먼저 그린 선분과 만나서는 안 됩니다. 단, 원 위의 점에서는 만나도 됩니다. 민수가 먼저 시작한다고 할 때, 민수가 항상 이기는 방법을 찾아보시오.

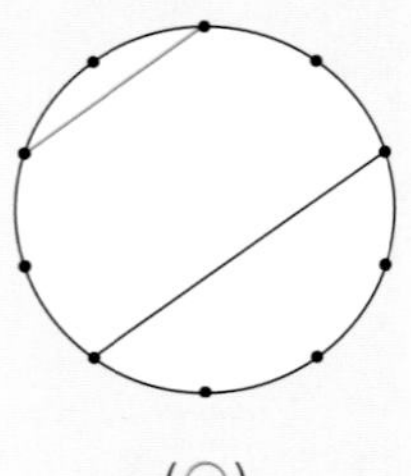

(○)

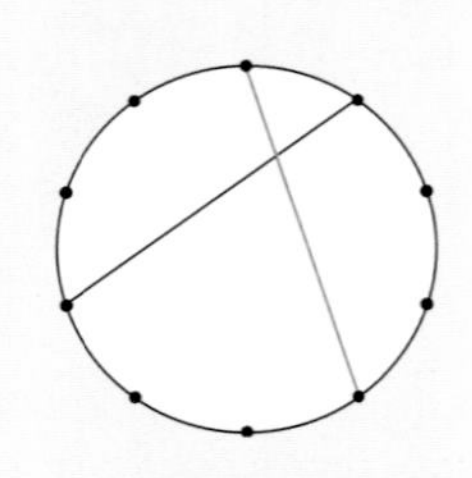

선분과 선분이 만남(×)

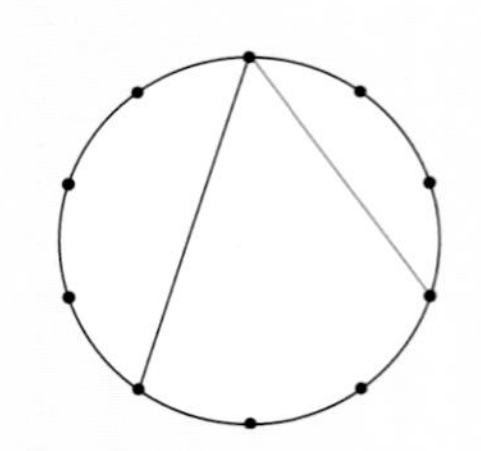

원 위의 점에서 만남(○)

생각의 흐름 1 양쪽의 점의 개수가 같게 한 선분을 그어 나누어 봅니다.

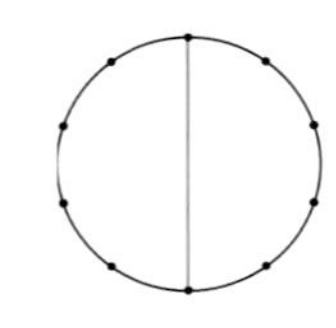

예제 01 꽃잎이 12장인 꽃이 있습니다. 아영이와 미경이가 차례로 꽃잎을 한 장 또는 이웃한 두 장씩 떼어내는 게임을 합니다. 떼어낼 꽃잎이 없는 사람이 집니다. 아영이가 먼저 시작한다면 누가 유리한지 설명하시오.

대칭을 생각해 봅니다.

LECTURE 대칭성을 이용한 게임 전략

다음과 같은 규칙으로 게임을 해 봅시다.

① 아래의 칸에 직사각형(정사각형 포함) 모양으로 격자를 번갈아 가며 칠합니다.
② 한 번에 전체를 칠할 수 없고, 상대방이 칠한 부분에 겹쳐서 칠할 수도 없습니다.
③ 더 이상 칠할 수 없는 사람이 집니다.

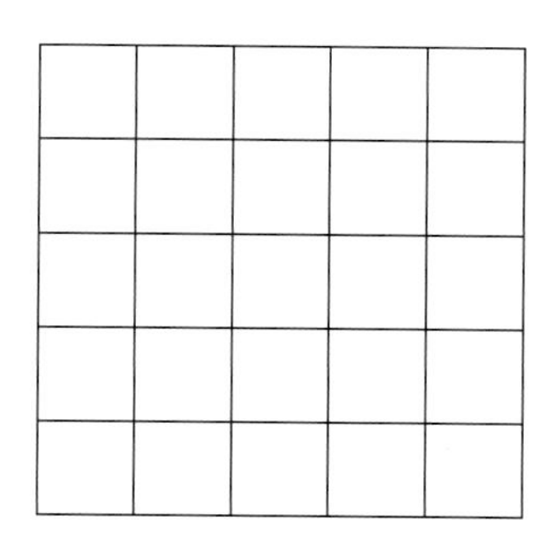

이 게임에서 항상 이길 수 있는 방법은 먼저 시작해서 정가운데의 칸을 칠하는 것입니다.
그 다음부터는 상대방이 칠한 모양대로 대칭이 되게 칠하면 됩니다.
결국 상대방이 칠할 수 있으면 나도 칠할 수 있는 것이므로 게임에서 항상 이길 수 있는 것입니다.
이러한 방법을 대칭성을 이용한 게임 전략이라고 합니다.

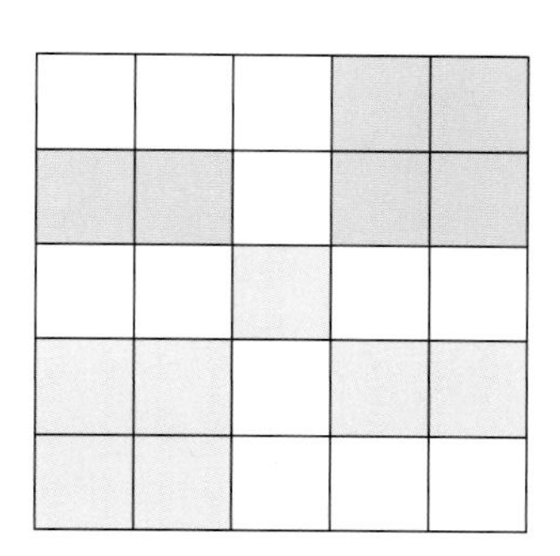

5. 성냥개비 퍼즐

Free FACTO

한 변의 길이가 2cm인 성냥개비 12개로 직각삼각형을 만들었습니다. 성냥개비 4개를 움직여 넓이가 직각삼각형의 넓이의 $\frac{1}{2}$인 도형을 만드시오.

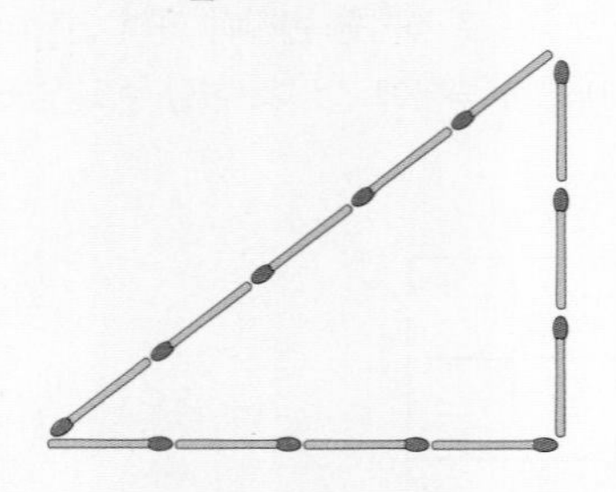

생각의 흐름 1 칠해진 부분은 직각삼각형의 넓이의 $\frac{1}{4}$ 입니다.

LECTURE 성냥개비로 만든 직각삼각형의 분할

성냥개비 12개로 만든 직각삼각형에서 성냥개비를 4개 움직여 넓이가 절반인 모양을 만들 수 있는 방법은 다양합니다.

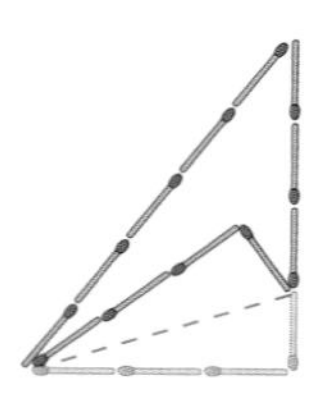
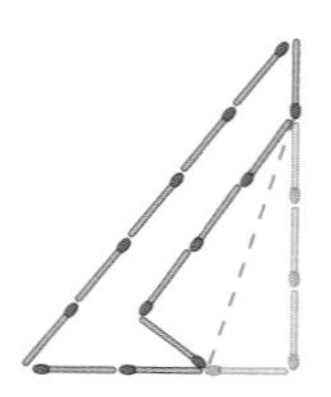
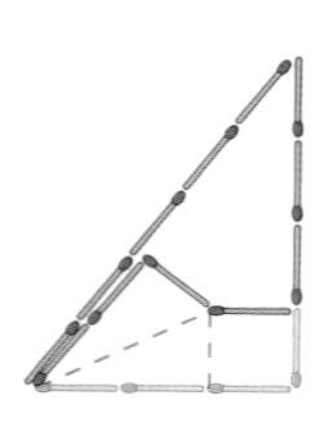
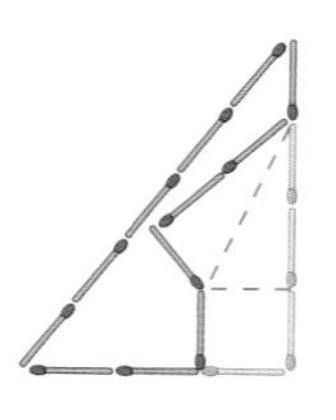

|보기| 와 같이 성냥개비 4개로 만든 정사각형의 넓이를 1이라 합니다. 이때, 오른쪽 직각삼각형에서 성냥개비 3개를 움직여 넓이가 4인 도형으로 바꾸려고 합니다. 그 방법을 설명하시오.

직각삼각형의 넓이를 구하고, 얼마만큼의 넓이가 줄어야 넓이가 4인 도형이 되는지 알아봅니다.

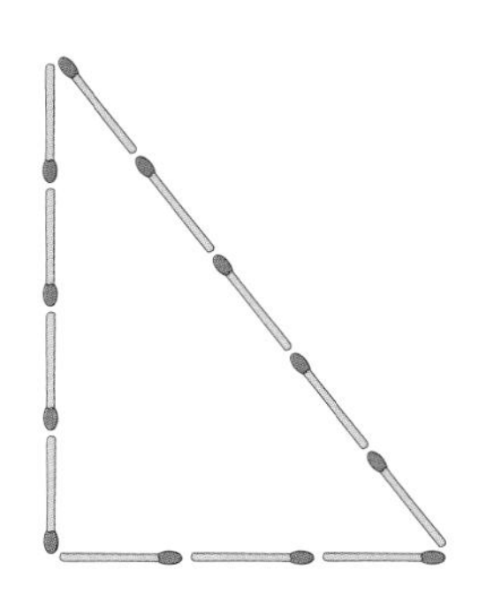

성냥개비 10개로 넓이가 6인 직사각형을 만들었습니다. 성냥개비 4개를 움직여 넓이가 3인 모양을 만드시오.

밑변이 3이고, 높이가 1인 직각삼각형 2개를 잘라낸 모양을 생각합니다.

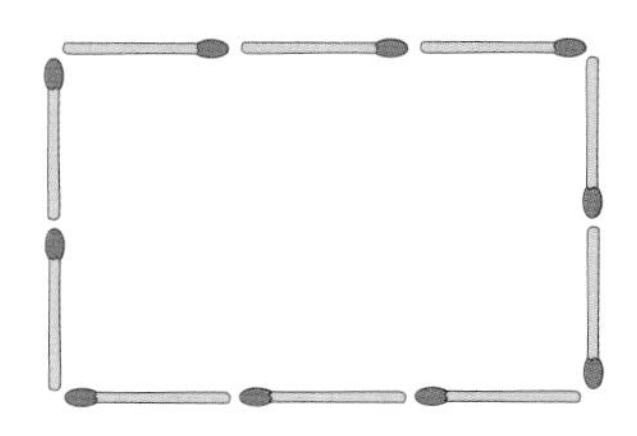

6. 직각삼각형 붙이기

Free FACTO

정사각형을 잘라 만든 크기와 모양이 같은 직각이등변삼각형 4개를 길이가 같은 변끼리 이어 붙여 만들 수 있는 서로 다른 모양을 그리시오.

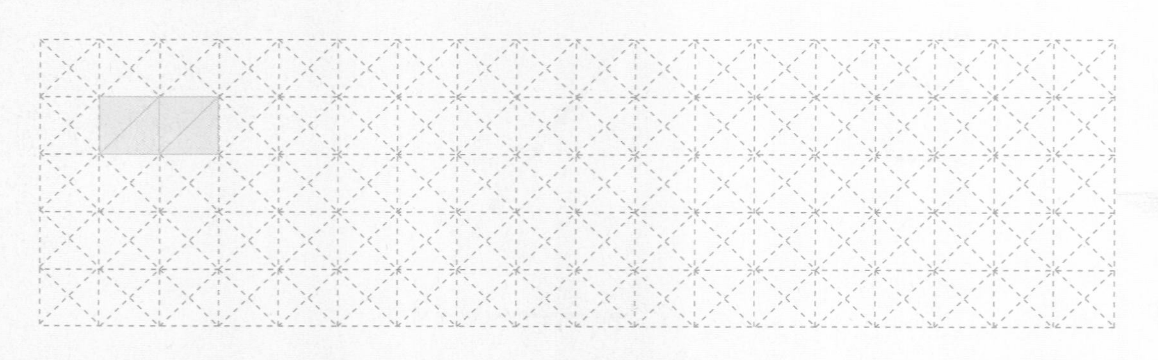

생각의 흐름 1 합동인 직각이등변삼각형 3개를 붙여 만든 모양에 직각이등변삼각형 1개를 더 붙여 서로 다른 모양을 그려 봅니다. 이때, 돌리거나 뒤집어서 같아지는 모양에 주의합니다.

LECTURE 직각삼각형 붙이기

정사각형을 반으로 잘라 만든 직각삼각형을 붙여서 만들 수 있는 모양을 알아봅시다. 도형을 붙일 때에는

① 길이가 같은 변끼리 붙여야 합니다.
② 남는 부분이 있어서는 안 됩니다.
③ 돌리거나 뒤집어서 같은 모양은 한 가지로 봅니다.

직각삼각형 2개를 붙여 만들 수 있는 모양은 다음 세 가지입니다.

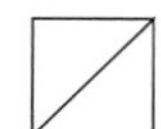
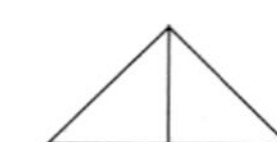
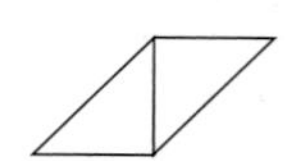

직각삼감형 3개를 붙여서 만든 모양은 위에서 만든 모양에 직각삼각형 하나를 더 붙여서 만들면 됩니다. 이때, 돌리거나 뒤집어서 같은 모양이 생기지 않도록 주의합니다.

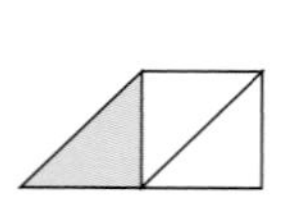
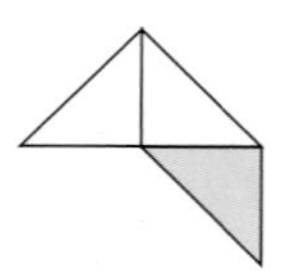
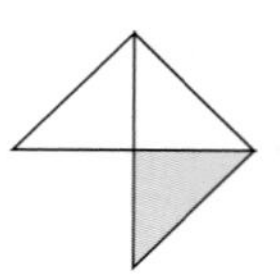
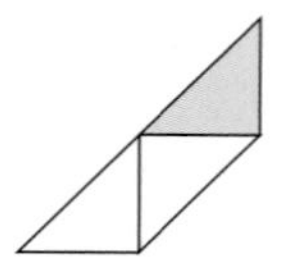

|보기|와 같이 정삼각형 6개를 붙여 만든 도형을 헥시아몬드라고 합니다. 돌리거나 뒤집어서 같은 모양을 뺀 서로 다른 헥시아몬드는 모두 12가지입니다. 주어진 모양을 제외한 헥시아몬드 10가지를 그려 보시오.

정삼각형 5개를 붙여 만든 모양을 먼저 완성합니다.

Creative 팩토

두 사람이 수 맞히기 놀이를 합니다. 1부터 16까지의 수 중에서 먼저 한 사람이 하나의 수를 생각하면 다른 사람이 몇 번의 간단한 질문을 해서 생각한 수를 맞히는 것입니다. 가장 적은 횟수로 질문하여 생각한 수를 찾아내는 방법을 말해 보시오. 단, 질문에 '예', '아니오' 라고만 대답할 수 있다고 합니다.

다음과 같은 도형 2개를 길이가 같은 변끼리 붙여 만들 수 있는 모양을 모두 그려 보시오. 단, 돌리거나 뒤집어서 같은 모양은 한 가지로 봅니다.

응용 3

성냥개비 9개로 넓이가 9인 정삼각형을 만들었습니다. 성냥개비 2개를 움직여 넓이가 7인 도형을 만들려고 합니다. 그 방법을 그림을 그려 설명하시오.

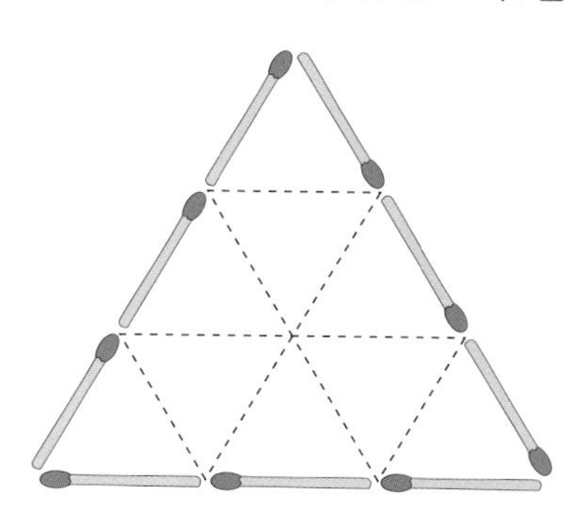

Key Point

작은 정삼각형 1개의 넓이는 1입니다. 따라서 작은 정삼각형 2개만큼 줄어든 도형을 만듭니다.

응용 4

성냥개비 8개로 정사각형을 만들었습니다. 성냥개비 3개를 움직여 정사각형의 넓이의 $\frac{1}{2}$인 모양으로 만들려고 합니다. 그림을 그려 그 방법을 설명하시오.

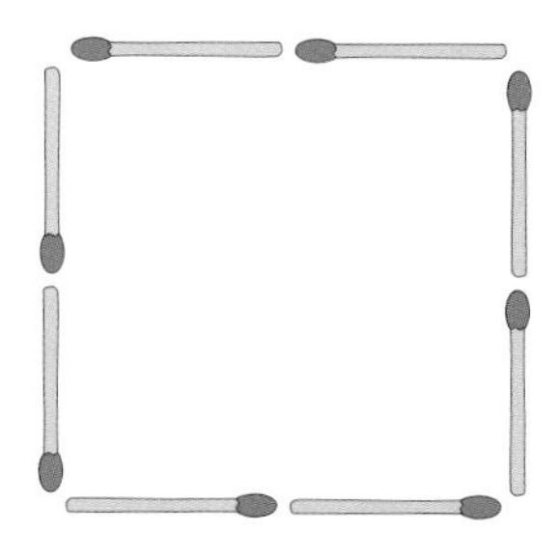

Key Point

정사각형의 넓이를 4라 하면 줄어든 도형의 넓이는 2입니다.

크기가 같은 정삼각형 2개를 붙여 만든 마름모 모양의 조각이 3개 있습니다. 이 세 조각을 변끼리 붙여 만들 수 있는 모양을 모두 그리시오.

KeyPoint

2개를 붙여 만들 수 있는 모양은

입니다.

다음 그림과 같이 바둑돌이 놓여 있습니다. 두 사람이 번갈아 바둑돌을 움직이는데, 오른쪽 (→), 아래 (↓), 오른쪽 아래 (↘) 세 방향으로 한 칸씩만 움직일 수 있습니다. 이 바둑돌을 ★이 표시된 칸에 옮기는 사람이 이긴다고 할 때, 이 게임에서 항상 이기기 위해서는 처음에 A, B, C 세 칸 중에서 어느 칸으로 옮겨야 합니까?

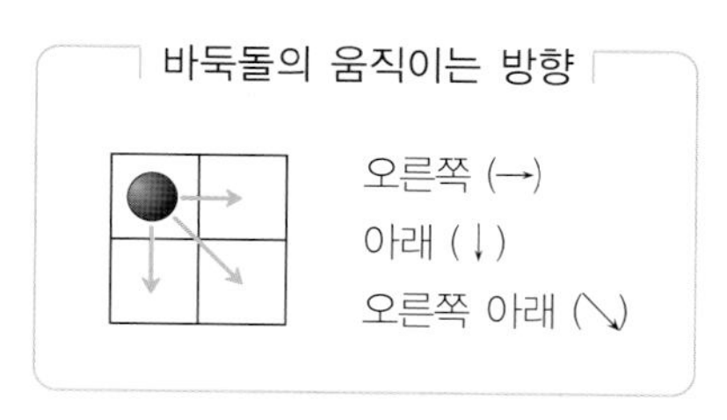

	A		
B	C		
			★

Key Point
게임에서 이기는 바로 전 단계를 생각합니다.

종수와 수진이는 수 맞히기 게임을 합니다. 먼저 종수가 1에서 50까지의 수 중에서 수를 생각하면 수진이는 질문을 하여 종수가 생각한 수를 맞혀야 합니다. 종수는 수진이의 질문에 '예', '아니오' 만 대답할 수 있다면, 수진이는 종수가 생각한 수를 맞히기 위해서 적어도 몇 번 질문을 해야 합니까? 단, 종수가 어떤 수를 생각하든지 맞힐 수 있어야 합니다.

Key Point
1에서 50까지의 수를 절반으로 나누어 생각합니다.

Thinking 팩토

크기가 같은 정삼각형 3개를 붙여 만든 사다리꼴 모양의 조각이 2개 있습니다.
이 두 조각을 길이가 같은 변끼리 붙여 만들 수 있는 모양을 모두 그리시오.

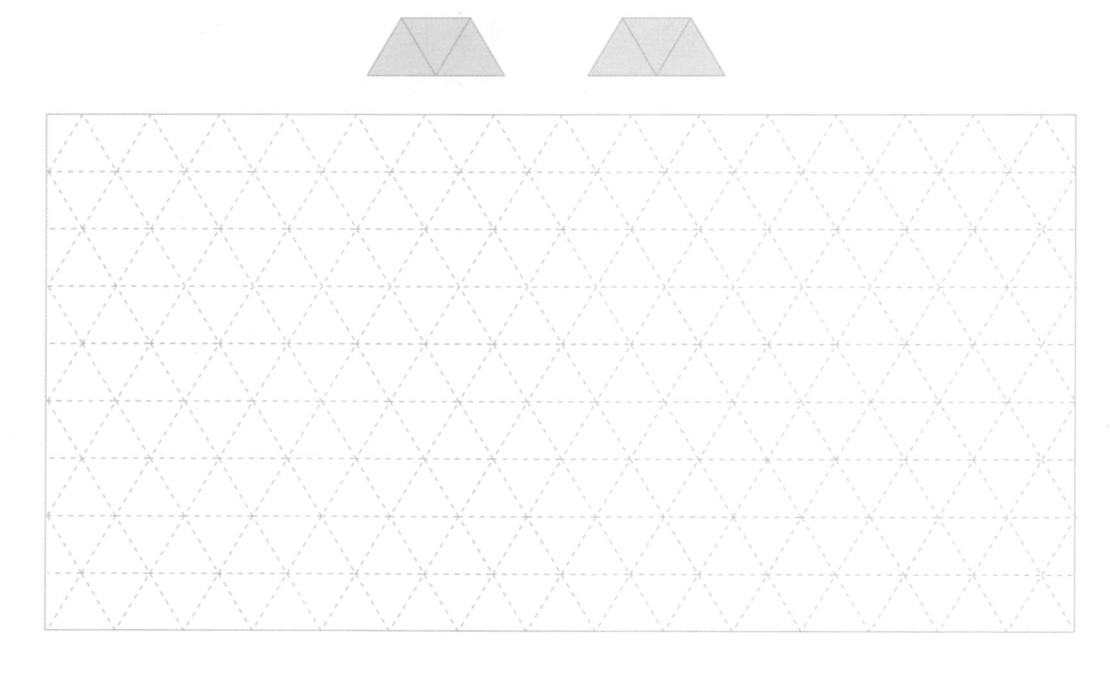

1에서 10까지의 수를 다음 그림의 ○ 안에 써넣어 각 정사각형의 꼭짓점에 있는 네 수의 합이 모두 21이 되게 만들어 보시오.

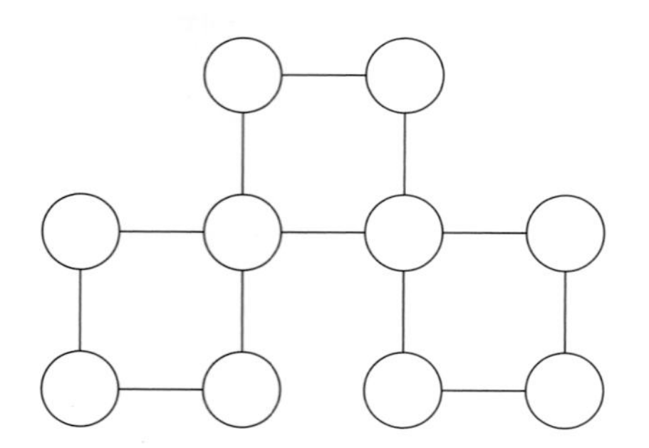

다음 빈칸에 서로 다른 9개의 분수를 넣어 가로, 세로, 대각선 방향으로 세 분수의 합이 1이 되게 만들어 보시오.

가로가 4cm, 세로가 3cm인 직사각형 모양의 우표 12장이 그림과 같이 붙어 있습니다.이 우표를 두 부분으로 나누어 오른쪽 그림과 같이 정사각형 모양으로 만들려고 합니다. 어떻게 두 부분으로 나누는지 그림을 그려 나타내시오.

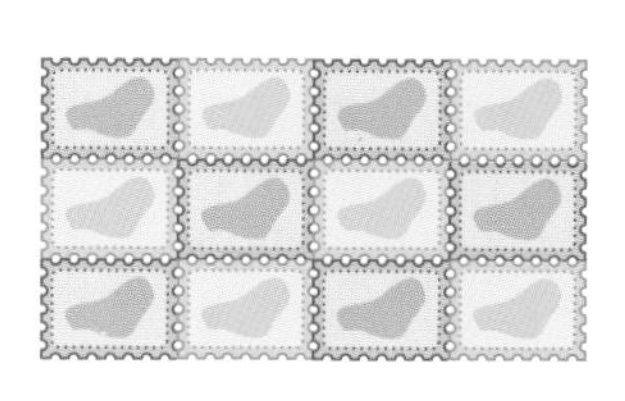

성냥개비 16개로 넓이가 16인 정사각형을 만들었습니다. 물음에 답하시오.

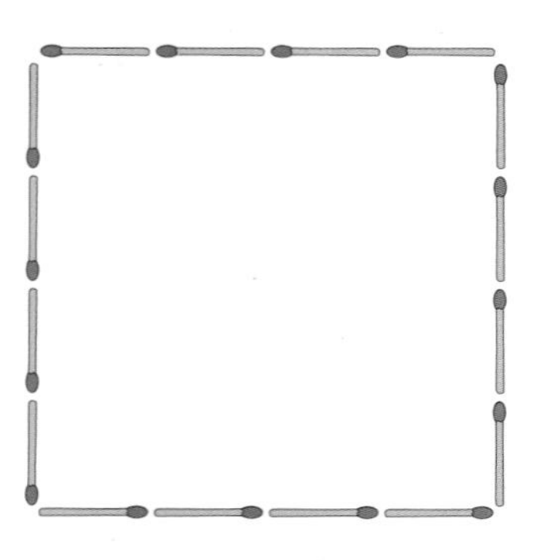

(1) 성냥개비 2개를 옮겨 넓이가 15인 모양을 만드시오.

(2) 성냥개비 3개를 옮겨 넓이가 14인 모양을 만드시오.

(3) 성냥개비 4개를 옮겨 넓이가 12인 모양을 만드시오.

(4) 성냥개비 6개를 옮겨 넓이가 8인 모양을 만드시오.

두 사람이 바둑돌 놓기 게임을 합니다. 바둑돌은 한 번에 오른쪽 또는 왼쪽으로 몇 칸이라도 갈 수 있지만, 뛰어넘거나 겹쳐 놓을 수는 없습니다. 또한, 더 이상 바둑돌을 움직일 수 없으면 진다고 합니다. 물음에 답하시오.

(1) 다음과 같이 바둑돌이 놓여 있을 때, 검은 바둑돌이 이기려면 어느 방향으로 몇 칸 움직여야 합니까?
(예) 오른쪽 2칸

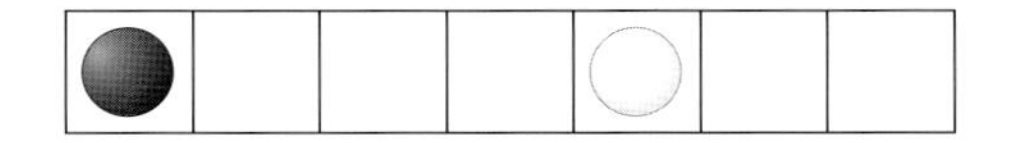

(2) 두 줄로 된 판에서 바둑돌이 다음과 같이 놓여 있고, 지금은 검은 돌을 움직일 차례입니다. 검은 돌이 이기려면 어떤 바둑돌을 어느 방향으로 몇 칸 움직여야 합니까?
(힌트) 대칭성의 원리를 이용합니다.

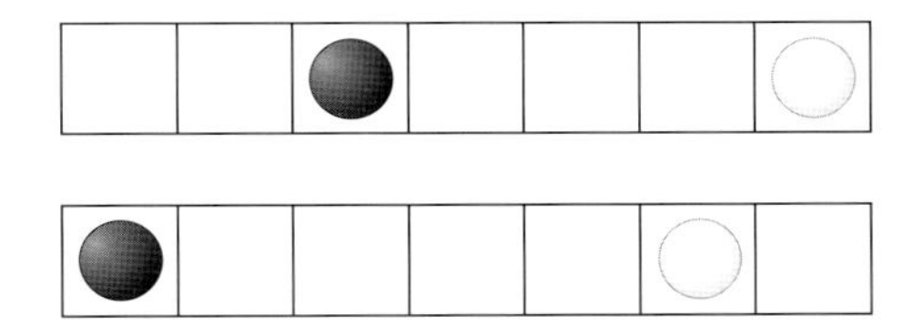

Memo

Ⅲ 기하

1. 오일러의 정리

Free FACTO

다음 도형의 꼭짓점, 모서리, 면의 개수를 구하고,
(꼭짓점의 수)+(면의 수)−(모서리의 수)의 값을 각각 구하시오.

(1)
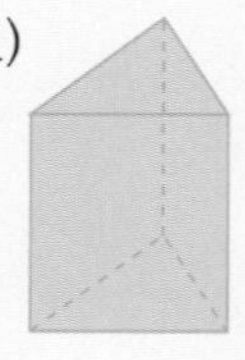

(2)
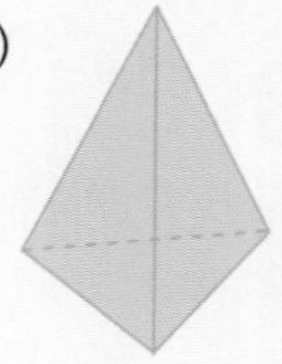

(3)
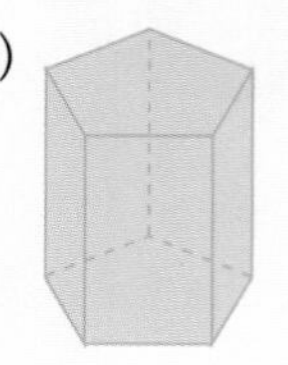

생각의 흐름

꼭짓점
면
모서리

LECTURE 오일러의 정리

입체도형에서 꼭짓점, 면, 모서리의 개수 사이에는 다음과 같은 식이 성립합니다.
(꼭짓점의 수)+(면의 수)−(모서리의 수)=2
이것을 처음 발견한 18세기 스위스의 수학자 오일러의 이름을 따서 오일러의 정리라 합니다.

꼭짓점의 수: 8
면의 수: 6
모서리의 수: 12
➡ 8+6−12=2

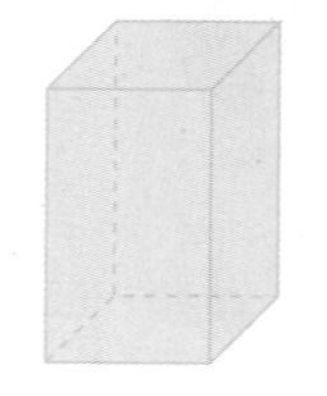

입체도형에서 꼭짓점의 수에서 모서리의 수를 뺀 다음, 면의 수를 더하면 항상 2가 나오지.
이를 '오일러의 정리' 라고 해!

팔각기둥의 꼭짓점과 모서리의 개수를 각각 구하시오.

팔각기둥의 면의 수는 10개입니다.

그림과 같이 각뿔을 밑면과 평행하게 잘라 두 개의 입체도형을 만들었습니다. 이렇게 만든 두 도형의 꼭짓점의 수의 합이 25개라고 할 때, 자르기 전 입체도형의 이름을 쓰시오.

밑면의 변의 개수와 잘라서 만들어진 두 입체도형의 꼭짓점의 개수의 합의 관계를 찾아봅니다.

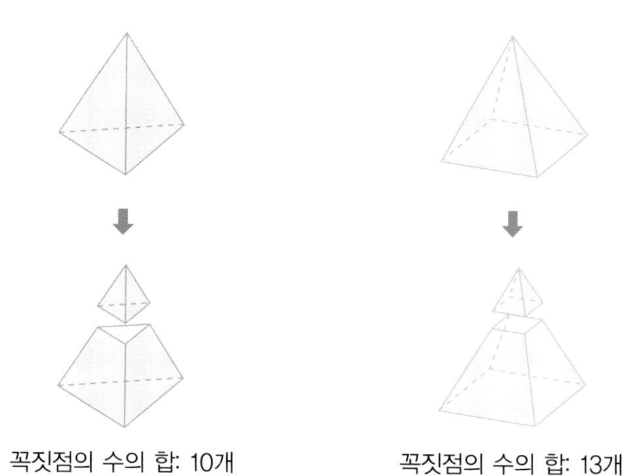

2. 입체도형의 단면

Free FACTO

다음 중 원기둥을 잘랐을 때의 단면의 모양이 될 수 없는 것을 모두 고르시오.

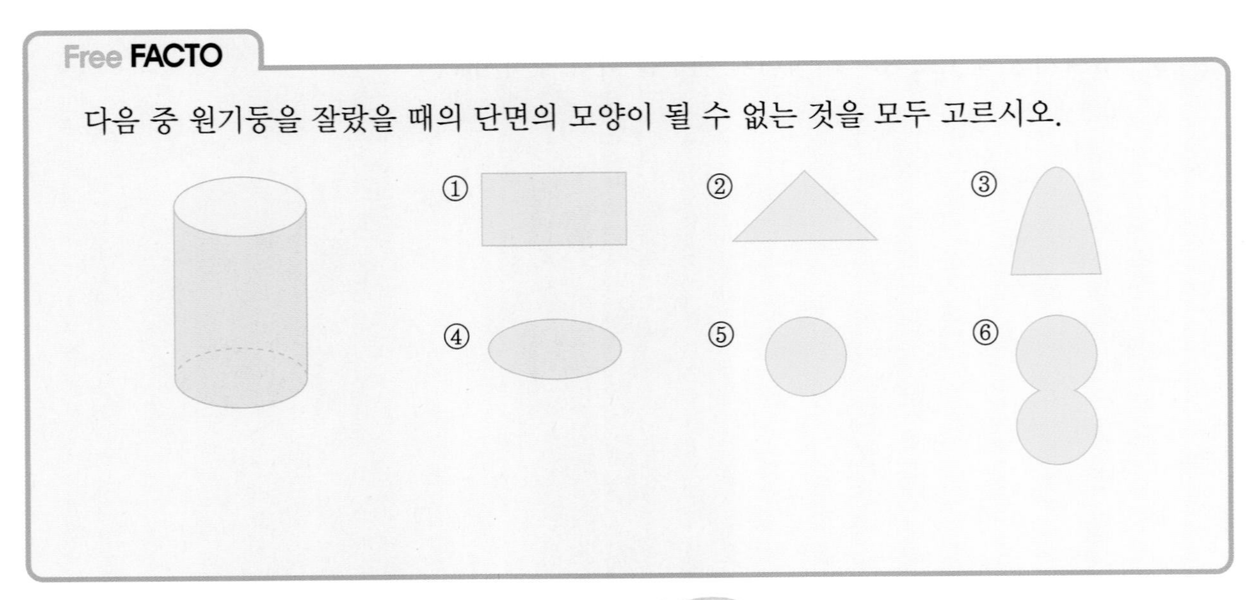

생각의 흐름

1 원기둥을 밑면과 평행하게 또는 수직이 되도록 잘랐을 때의 모양을 찾습니다.

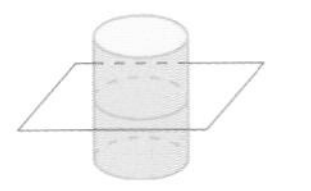
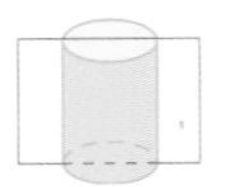

2 원기둥을 옆으로 비스듬하게 밑면을 지나도록 잘랐을 때와 밑면을 지나지 않도록 잘랐을 때의 단면을 찾습니다.

LECTURE 입체도형의 단면

입체도형을 평면으로 잘랐을 때 생기는 면을 단면이라고 합니다.
같은 입체도형이라도 자르는 방향에 따라 단면의 모양이 달라집니다.
다음은 정육면체를 잘랐을 때 나오는 여러 가지 단면의 모양입니다.

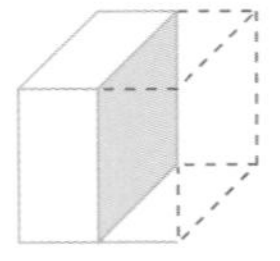
〈정사각형〉

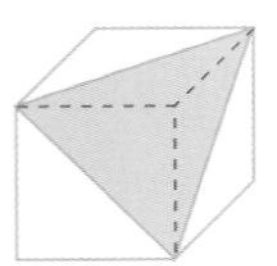
〈정삼각형〉

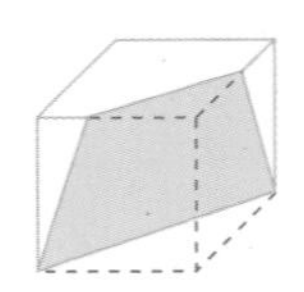
〈사다리꼴〉

머릿속으로 입체도형을 자르고, 잘린 모양을 상상해 보면 돼.

구를 잘랐을 때 나올 수 있는 단면은 어떤 도형입니까?

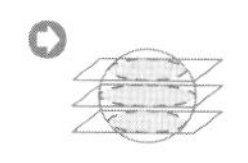 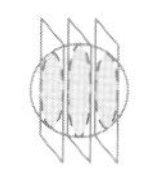 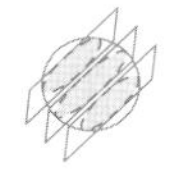

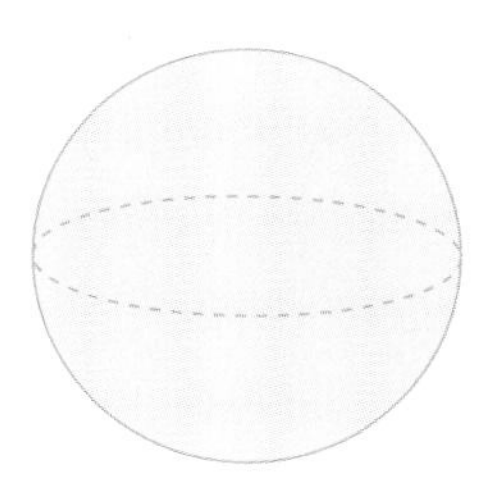

입체도형을 다음과 같이 잘랐을 때의 단면을 그리시오.

밑면과 평행하게 자른 단면은 위에서 내려다본 모양과 같습니다.

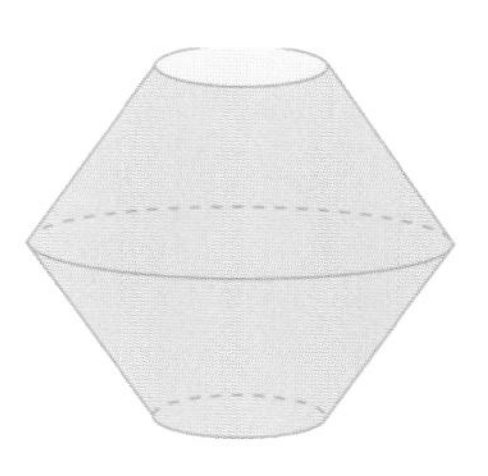

(1) 밑면과 평행하게 자른 단면

(2) 밑면과 수직이고, 밑면의 중심을 지나게 자른 단면

3. 회전체

Free FACTO

다음 회전체는 어떤 평면도형을 회전축을 중심으로 1회전시켜 얻은 것입니다. 회전시킨 평면도형을 그리시오.

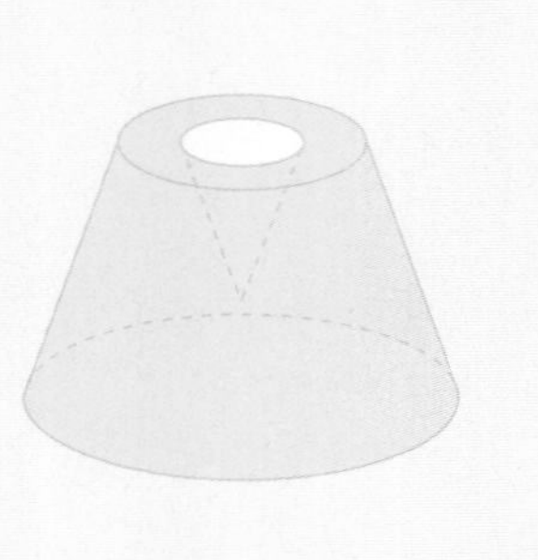

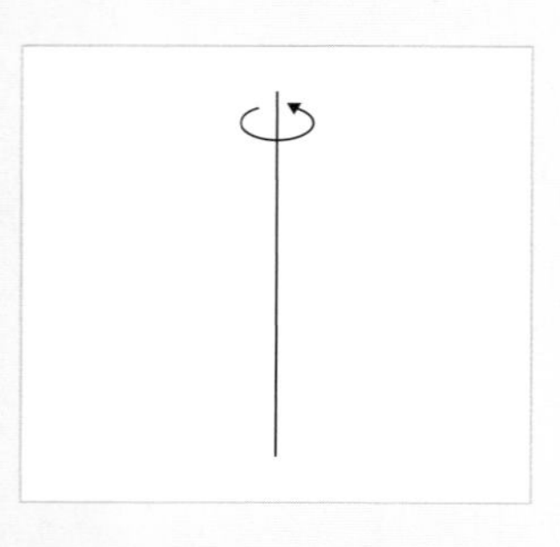

생각의 흐름

1 입체도형을 회전축을 품은 평면으로 자른 단면을 그립니다.

2 회전체의 회전축을 품은 단면은 항상 선대칭도형입니다. 선대칭도형의 대칭축을 찾아 긋습니다.

3 대칭축을 중심으로 한쪽 면의 모양을 회전시키면 위와 같은 입체도형이 됩니다.

LECTURE 회전체

1 회전축을 중심으로 평면도형을 한 바퀴 회전하면 회전체가 만들어집니다. 따라서 회전축을 품은 평면으로 자른 단면은 항상 선대칭도형입니다. 이 성질을 이용하면 회전시킨 평면도형을 찾기 편리합니다. 또한 회전축과 평행도 수직도 아닌 선분은 회전축과 이루는 기울기를 잘 생각해야 합니다.

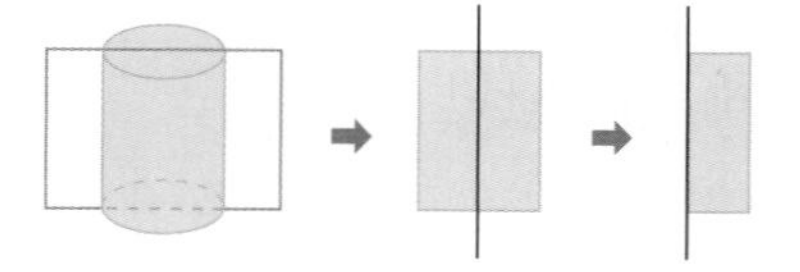

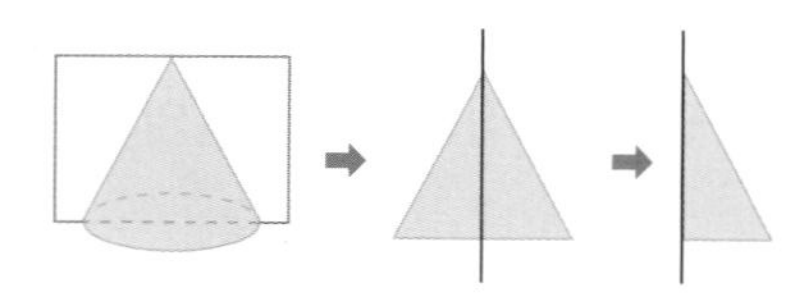

2 회전체를 회전축에 수직인 평면으로 자른 단면은 모두 원입니다.

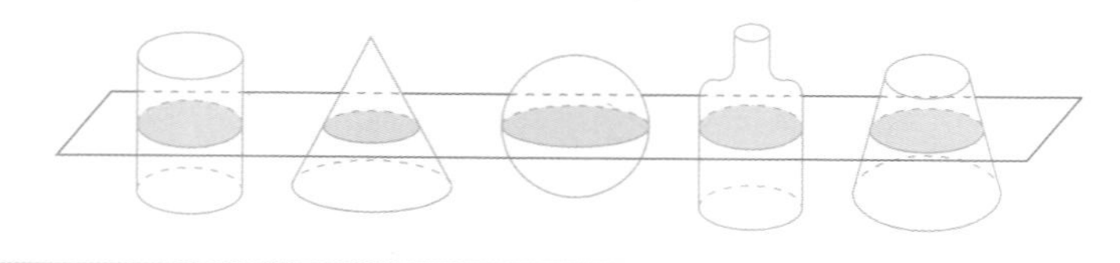

예제 01 다음은 평면도형을 회전시켜 만든 회전체입니다. 삼각형을 회전시켜 만들 수 없는 모양을 모두 고르시오.

㉠ 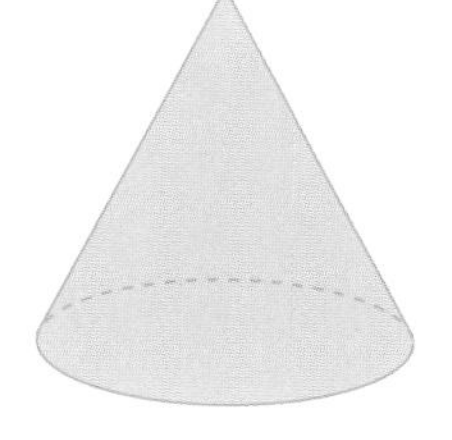
㉡ 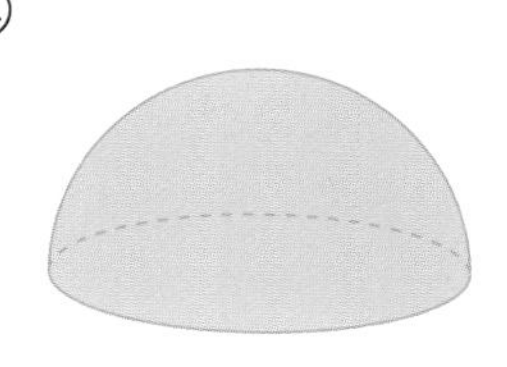
㉢ 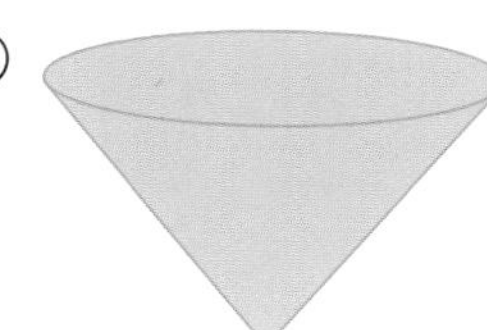

㉣ 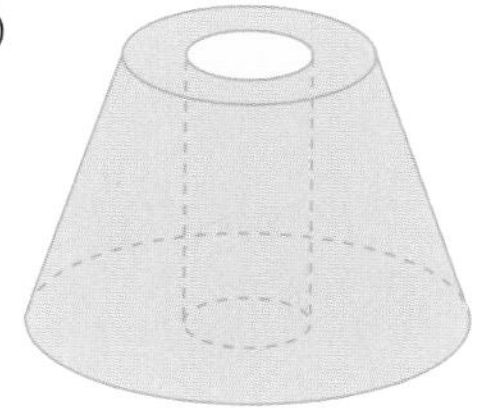
㉤ 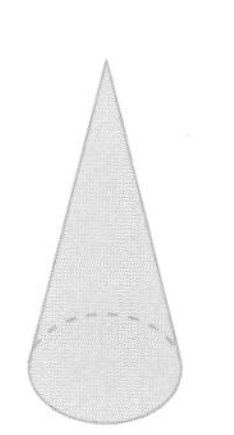
㉥ 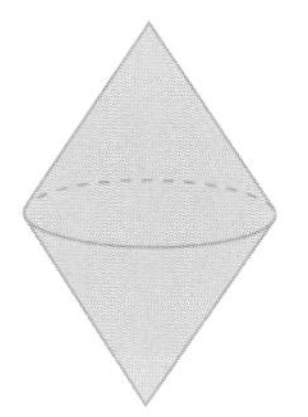

LECTURE 속이 비어 있는 회전체 만들기

회전축과 떨어진 평면도형을 회전시키면 그림과 같이 속이 비어 있는 회전체를 만들 수 있습니다.

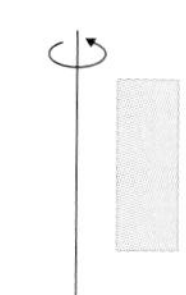

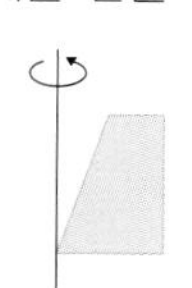

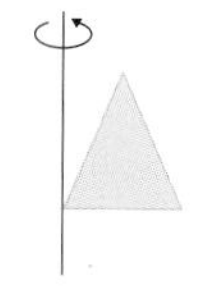

Creative 팩토

면이 10개인 각기둥과 각뿔의 이름을 쓰시오.

Key Point

밑면의 변의 개수에 따라 각기둥과 각뿔의 면의 개수가 어떻게 변하는지 생각합니다.

다음 입체도형은 어떤 평면도형을 1회전시켜서 얻은 것인지 그리시오.

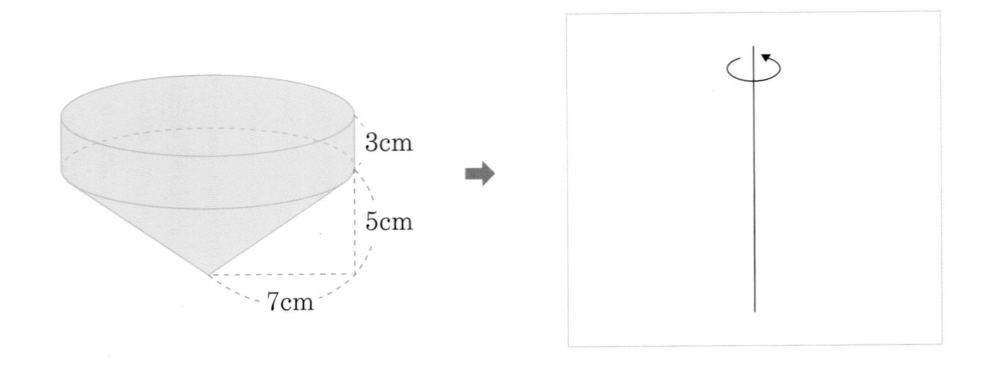

Key Point

회전축을 품은 단면을 그린 후 반으로 자릅니다.

그림과 같이 막대 4개와 연결고리 4개로 정사각형 1개를 만들었습니다. 이와 같은 방법으로 막대 12개와 연결고리 8개로 크기가 같은 정사각형 6개를 만들려고 합니다. 그 방법을 설명하시오.

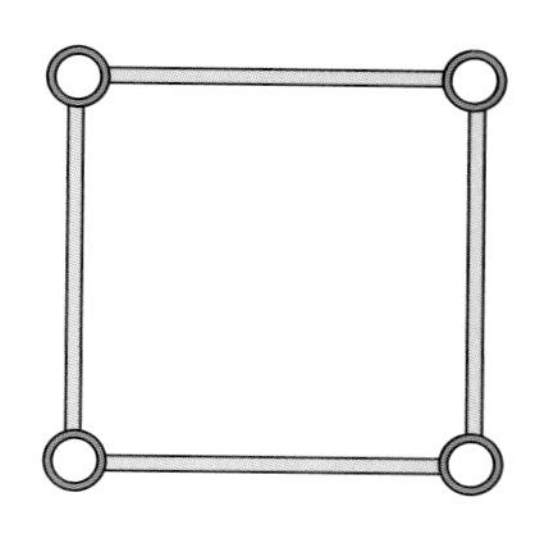

Key Point

막대를 모서리로, 연결고리를 꼭짓점으로 생각합니다.

다음 직육면체를 밑면과 수직인 평면으로 자르려고 합니다. 주어진 선분을 포함하는 평면으로 자를 때, 그 단면의 넓이가 가장 큰 것은 어느 것입니까?

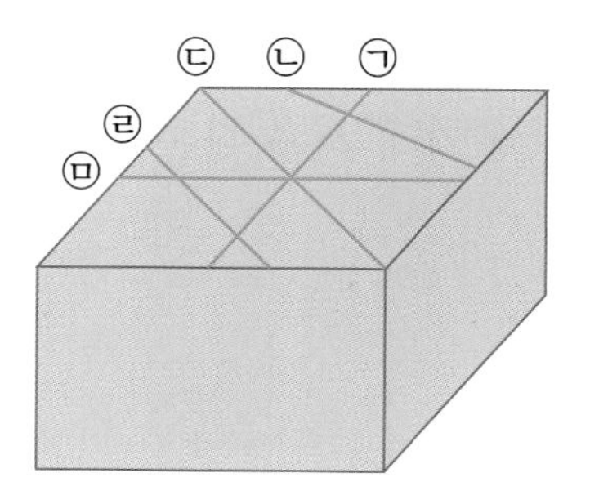

Key Point

밑면과 수직으로 자른 단면의 세로의 길이는 일정합니다.

원기둥을 그림과 같이 여러 가지 평면으로 잘랐습니다. 물음에 답하시오.

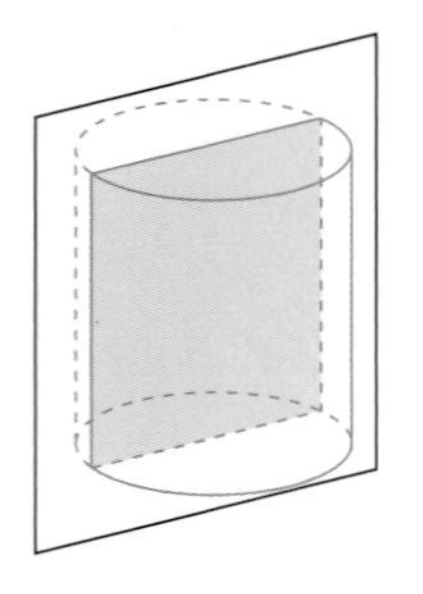
㉮: 회전축을 품은 평면

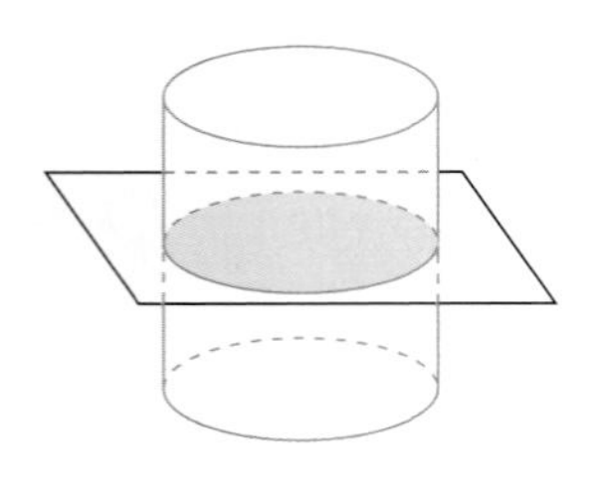
㉯: 회전축과 수직인 평면

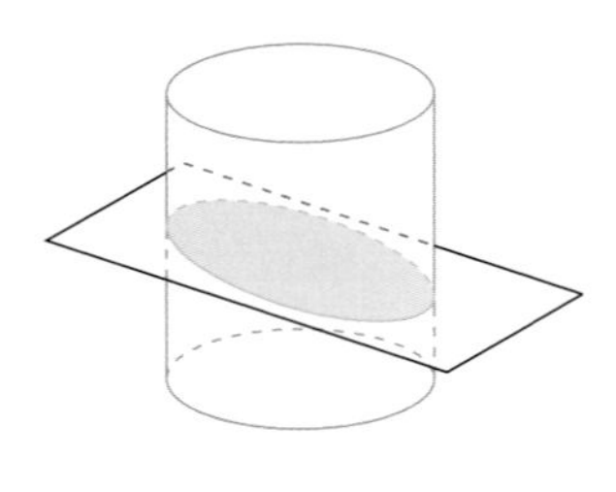
㉰: 밑면을 지나지 않는 비스듬한 평면

(1) ㉮ 평면으로 자른 단면은 어떤 도형인지 쓰시오.

(2) ㉯ 평면으로 자른 단면은 어떤 도형인지 쓰시오.

(3) ㉰ 평면으로 자른 단면은 어떤 도형인지 쓰시오.

(4) 원뿔을 위와 같은 세 가지 서로 다른 평면으로 자를 때, 그 단면의 모양을 그리시오.

㉮: 회전축을 품은 평면

㉯: 회전축과 수직인 평면

㉰: 밑면을 지나지 않는 비스듬한 평면

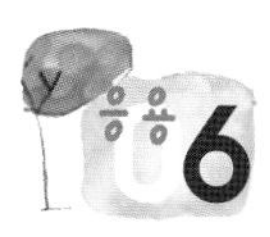

그림과 같이 밑면의 모양이 직사각형인 사각기둥을 밑면과 수직인 한 평면으로 잘랐습니다. 물음에 답하시오.

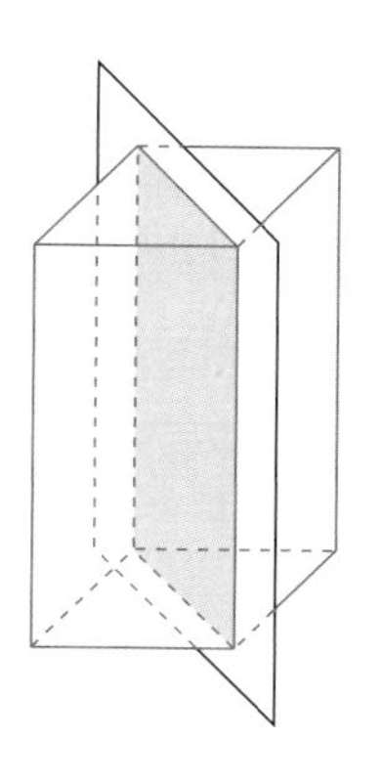

(1) 단면은 어떤 도형입니까?

(2) 사각기둥을 그림과 같이 잘라 만든 입체도형의 이름을 쓰시오.

(3) 사각기둥을 밑면과 수직인 평면으로 두 번 잘라 밑면의 모양이 직사각형인 사각기둥 4개를 만들려고 합니다. 그 방법을 설명하시오.

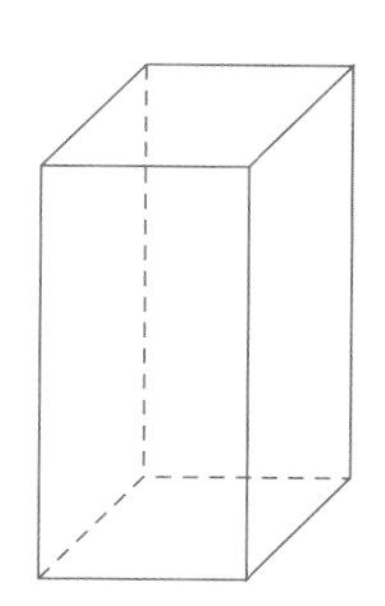

4. 회전체의 부피가 최대일 때

Free FACTO

넓이가 $12cm^2$인 직사각형의 한 변을 회전축으로 회전시켜 원기둥을 만들었습니다. 이 원기둥의 부피가 최대일 때와 최소일 때의 부피를 각각 구하시오. (단, 직사각형의 두 변의 길이는 자연수입니다.)

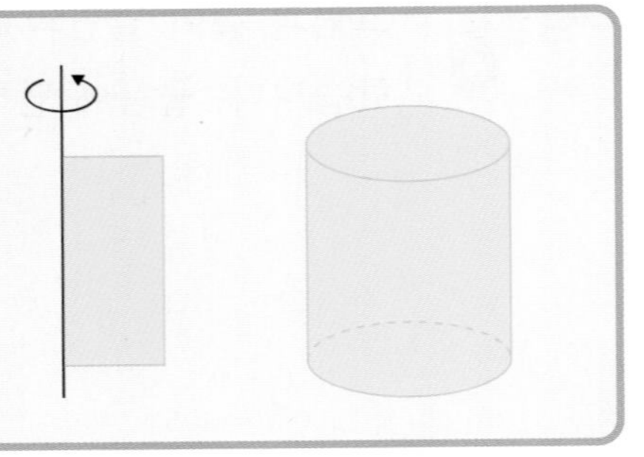

생각의 흐름

1 넓이가 $12cm^2$인 직사각형을 모두 구합니다.

	①	②	③	④	⑤	⑥
가로	1cm	2cm				
세로	12cm					

2 ①번 직사각형을 회전시켜 만든 원기둥은 높이가 12cm이고, 밑면의 반지름이 1cm입니다. **1**에서 구한 각각의 경우에 만들어진 원기둥의 부피를 모두 구합니다.

3 부피가 최대일 때와 최소일 때를 각각 구합니다.

LECTURE 회전체의 부피

넓이가 같은 직사각형을 회전시켜 만든 원기둥의 부피가 최대일 때, 그 부피를 알아보려고 합니다. 먼저 직사각형을 그 세로인 변을 기준으로 회전시켜 만든 원기둥의 밑면의 넓이와 높이, 부피는 다음과 같습니다.

(밑면의 넓이)=(가로)×(가로)×3.14

(높이)=(세로)

(부피)=(밑면의 넓이)×(높이)

=(가로)×(가로)×3.14×(세로)입니다.

이때, 회전시킨 직사각형의 넓이 (가로)×(세로)는 일정합니다.

따라서 원기둥의 부피는 직사각형의 가로의 길이가 길수록 커집니다.

LECTURE 5개 정다면체

각 면이 서로 합동인 정다각형이고, 한 꼭짓점에 모이는 면의 개수가 같은 입체도형을 정다면체라 합니다. 정삼각형을 각 면으로 하는 정다면체를 만들면 한 꼭짓점에 모이는 면이 2개인 경우는 겹쳐지는 경우밖에 생기지 않으므로 입체도형이 만들어지지 않습니다.
따라서 정다면체를 만들기 위해서는 한 꼭짓점에 모이는 면이 3개 이상이어야 합니다.

정다면체는 각 면이 정삼각형인 정사면체, 정팔면체, 정이십면체, 각 면이 정사각형인 정육면체, 각 면이 정오각형인 정십이면체 5가지뿐이야!

1 한 꼭짓점에 정삼각형을 3개 붙이면 오른쪽과 같은 정사면체가 만들어집니다.

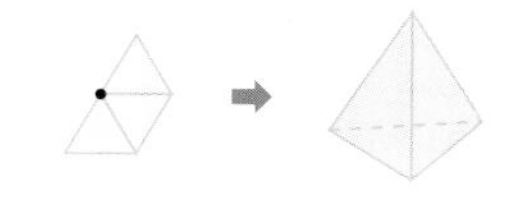

2 한 꼭짓점에 정삼각형을 4개 붙이면 오른쪽과 같은 정팔면체가 만들어집니다.

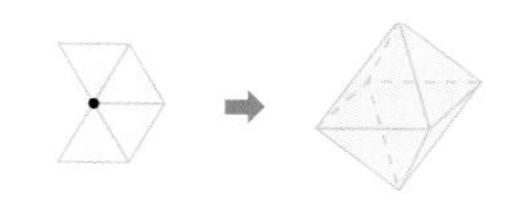

3 한 꼭짓점에 정삼각형을 5개 붙이면 오른쪽과 같은 정이십면체가 만들어집니다.

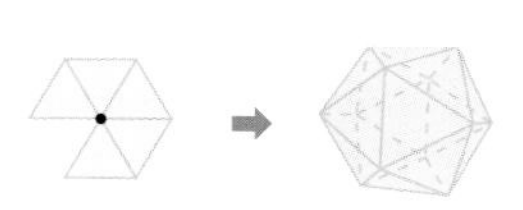

그런데 한 꼭짓점에 정삼각형을 6개 붙이면 평면이 되므로 입체도형이 만들어지지 않습니다. 또한 7개 이상 붙이면 오목해지므로 정다면체를 만들수 없게 됩니다.

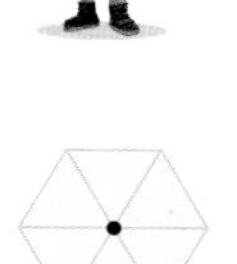

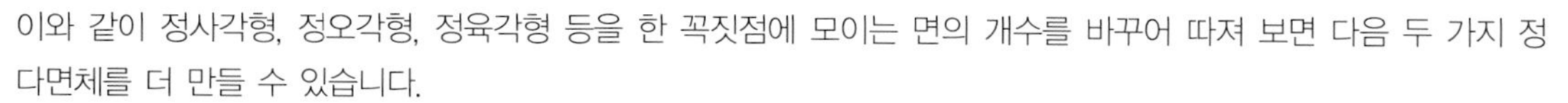

이와 같이 정사각형, 정오각형, 정육각형 등을 한 꼭짓점에 모이는 면의 개수를 바꾸어 따져 보면 다음 두 가지 정다면체를 더 만들 수 있습니다.

4 정사각형을 한 꼭짓점에 3개 붙여 만든 정육면체

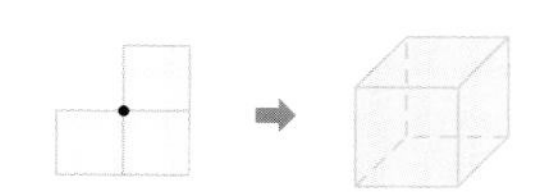

5 정오각형을 한 꼭짓점에 3개 붙여 만든 정십이면체

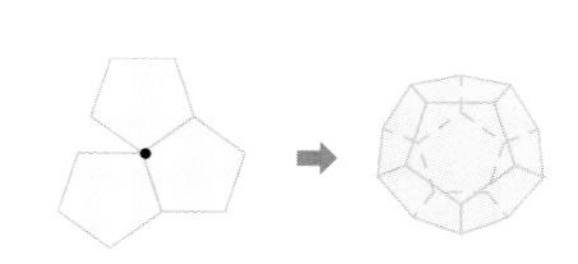

Creative 팩토

둘레가 12cm인 직사각형의 한 변을 회전축으로 직사각형을 1회전시켰습니다. 이 회전체의 부피가 가장 클 때의 부피를 구하시오. (단, 직사각형의 변의 길이는 자연수입니다.)

Key Point

둘레가 12cm인 직사각형의 가로, 세로의 길이를 구합니다.

사각기둥의 꼭짓점 ㄱ에서 출발하여 옆면을 모두 한 번씩 지나 꼭짓점 ㄴ까지 이어진 가장 짧은 선을 긋고, 사각기둥을 그림과 같이 펼쳤습니다. 펼쳐진 그림에 선이 그어진 모양을 완성하시오.

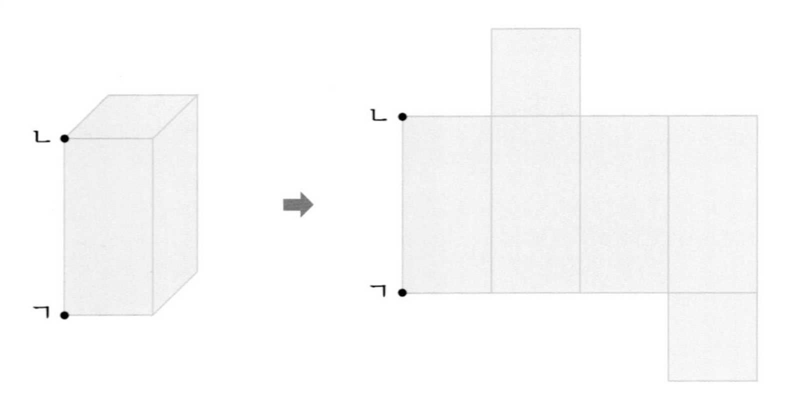

Key Point

펼친 모양에서 꼭짓점 ㄱ, ㄴ의 위치를 찾아 표시한 후 가장 짧은 선으로 연결합니다.

정육면체의 각 면의 중심을 꼭짓점으로 하여 만든 정다면체에 대해서 알아보려고 합니다. 물음에 답하시오.

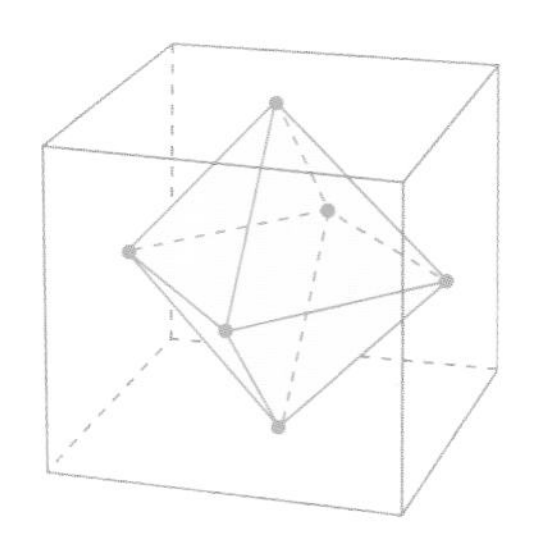

(1) 이 정다면체의 꼭짓점, 면, 모서리의 개수를 각각 구하시오.

(2) 그림과 반대로 새로운 정다면체의 각 면의 중심을 이어 만든 정다면체의 꼭짓점의 개수를 구하시오.

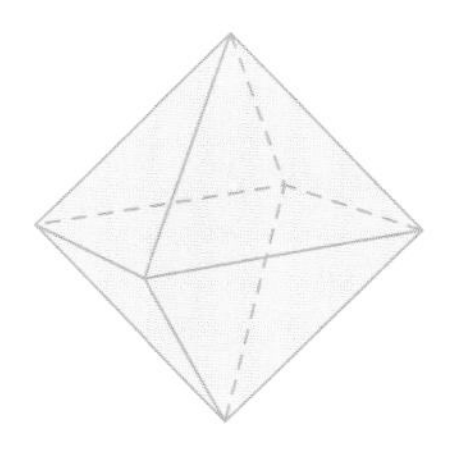

(3) 정사면체의 각 면의 중심을 꼭짓점으로 하여 만든 정다면체의 이름을 쓰시오.

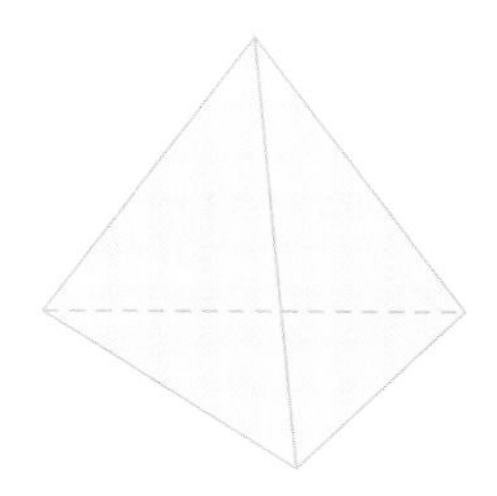

두 변이 5cm, 10cm인 직사각형을 가로, 세로를 중심으로 각각 1회전시킵니다. 두 회전체의 부피와 겉넓이를 구하려고 합니다. 물음에 답하시오.

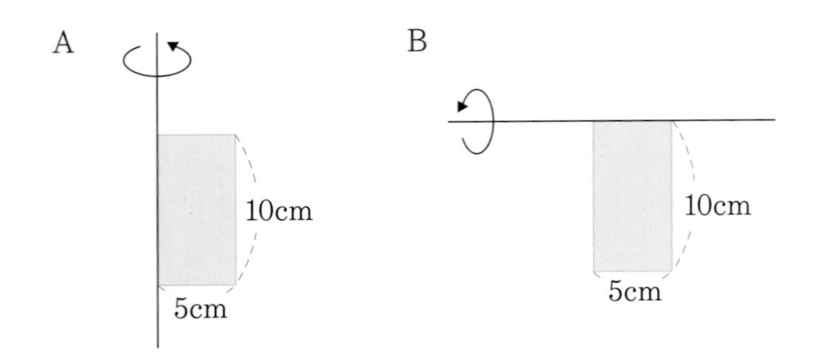

(1) 두 회전체의 모양을 각각 그리시오.

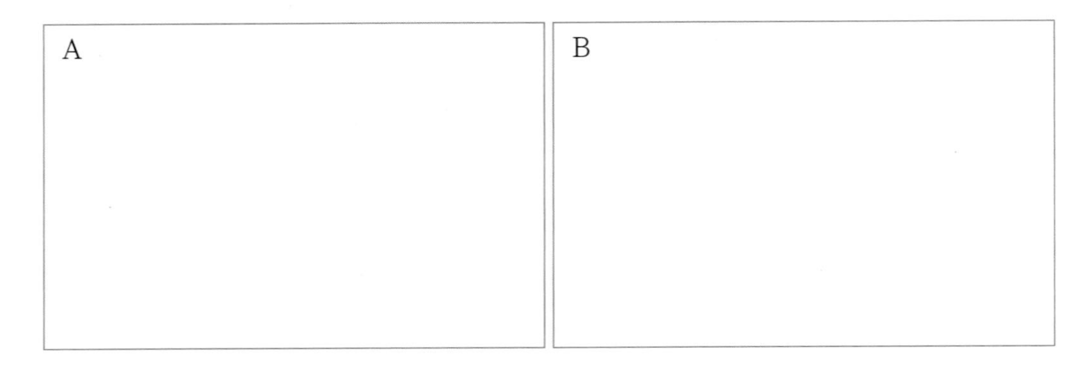

(2) 두 회전체의 부피를 각각 구하시오.

KeyPoint
(원기둥의 부피)=(원기둥의 밑넓이)×(원기둥의 높이)입니다.

(3) 두 회전체의 겉넓이를 각각 구하시오.

KeyPoint
(원기둥의 겉넓이)=(원기둥의 밑넓이)×2+(원기둥의 옆면의 넓이)입니다.

그림과 같이 정사면체의 각 모서리를 이등분하는 점을 지나도록 꼭짓점을 모두 잘라 냈습니다. 꼭짓점을 모두 잘라낸 입체도형을 알아보려고 합니다. 물음에 답하시오.

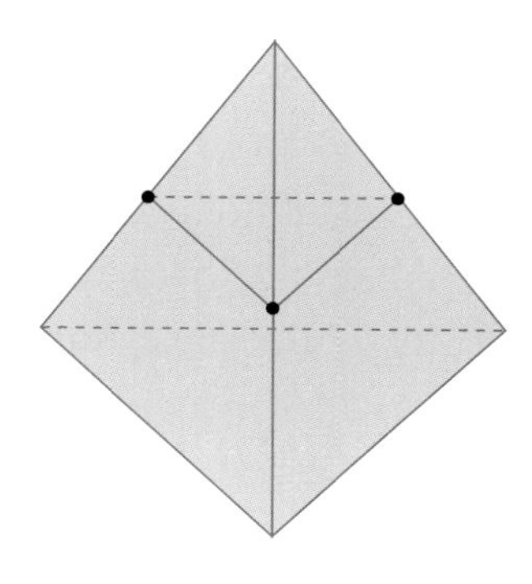

(1) 그림과 같이 꼭짓점을 한 번 잘라내면 입체도형의 면의 개수가 어떻게 달라지는지 구하시오.

(2) 모든 꼭짓점을 같은 방법으로 잘라낸 후, 남은 입체도형의 면의 개수를 구하시오.

(3) 단면의 모양과 원래 정사면체의 잘린 면은 한 변의 길이가 같은 정삼각형입니다. 남은 입체도형의 이름을 쓰시오.

Thinking 팩토

다음 입체도형을 회전축을 품은 평면으로 자른 단면의 모양이 어떤 도형인지 쓰시오.

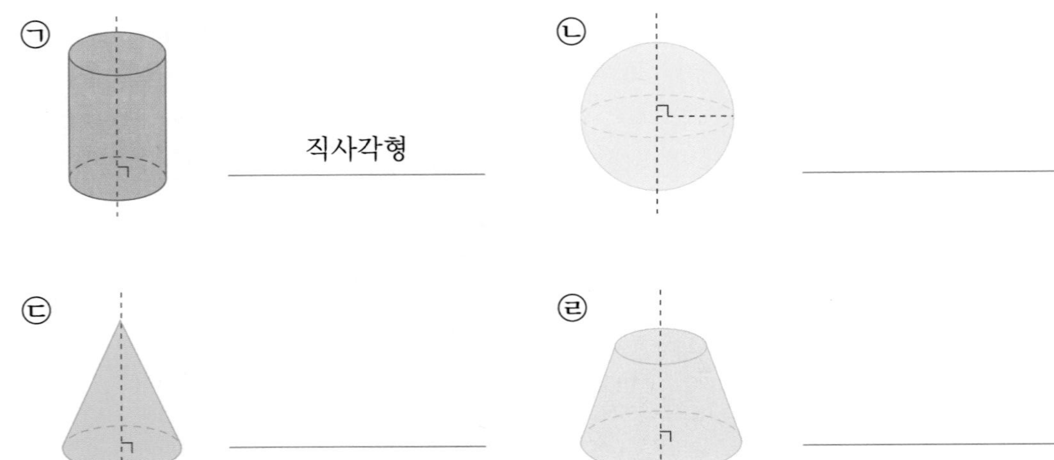

밑면의 모양이 다음과 같은 각기둥의 꼭짓점, 면, 모서리의 개수를 각각 구하시오.

다음은 축구공을 펼친 전개도입니다. 축구공의 모서리의 개수를 구하려고 합니다. 물음에 답하시오.

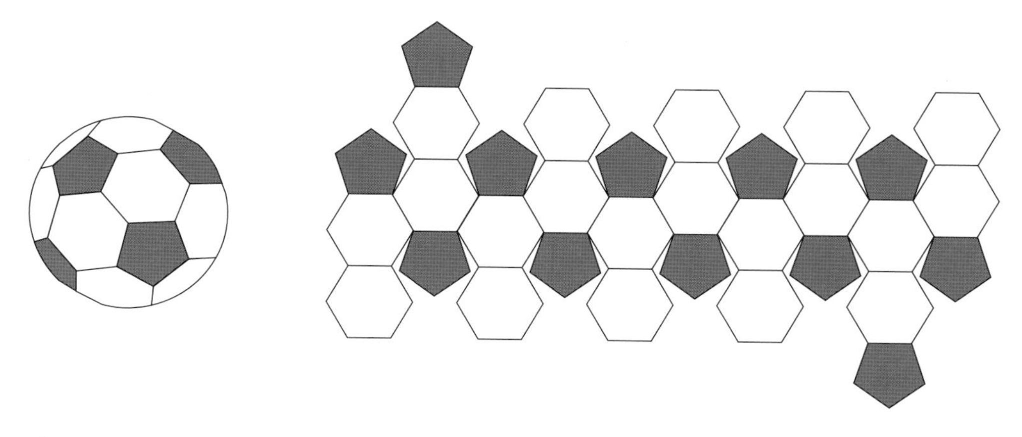

(1) 축구공에는 정육각형과 정오각형이 각각 몇 개씩 있습니까?

(2) (1)에서 구한 개수의 정육각형, 정오각형의 변의 개수의 합을 구하시오.

(3) 입체도형의 모서리는 두 평면도형의 변과 변이 만나서 만들어집니다. (2)에서 구한 변의 개수의 합을 이용해 축구공 모양의 입체도형의 모서리의 수를 구하시오.

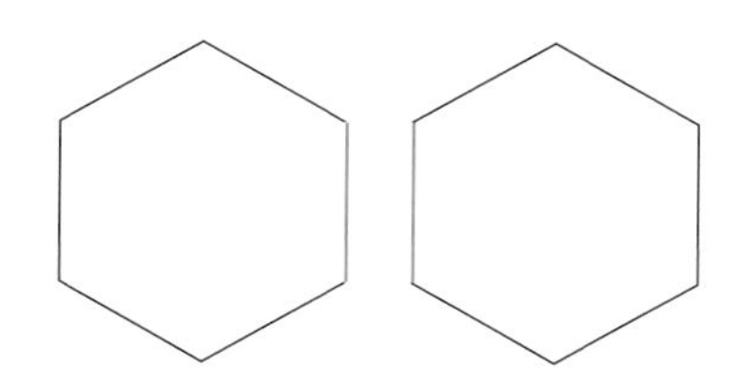

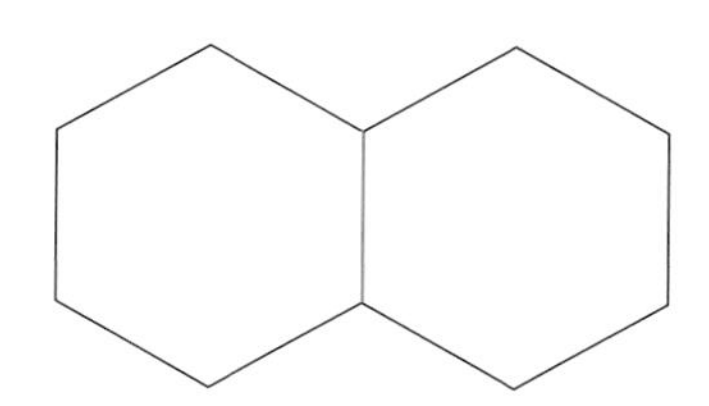

다음 정육면체에서 점 ㄴ과 점 ㅇ을 연결하는 가장 짧은 선을 그으려고 합니다. 물음에 답하시오.

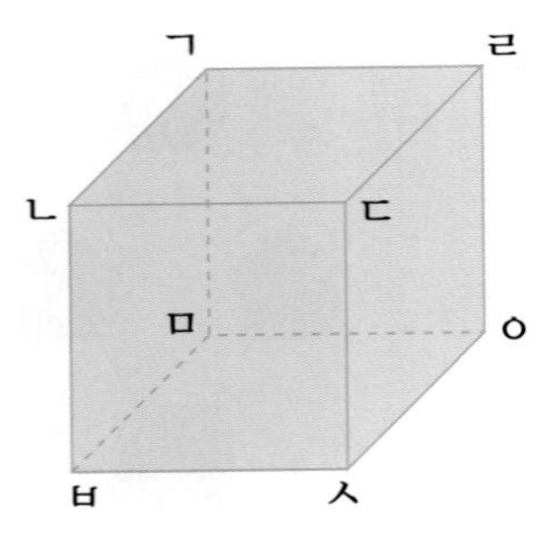

(1) 다음은 앞에서 보이는 정육면체의 세 면을 펼친 모양입니다. 점 ㄴ과 점 ㅇ을 잇는 가장 짧은 선을 그으시오.

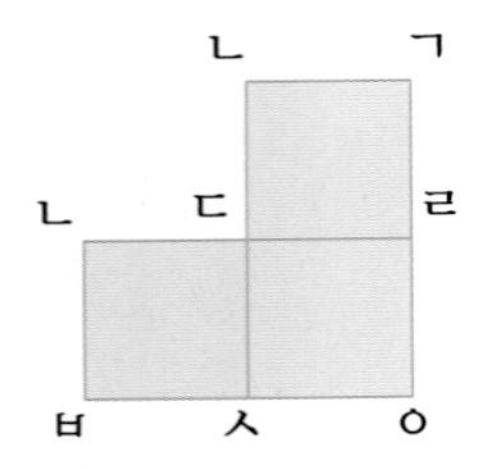

(2) (1)에서 그은 선이 지나는 모서리의 이름을 쓰시오.

(3) |보기|는 모서리 ㄷㅅ을 지나고 꼭짓점 ㄴ과 꼭짓점 ㅇ을 잇는 가장 짧은 선을 그린 것입니다. 꼭짓점 ㄴ과 꼭짓점 ㅇ을 잇는 선 중 가장 짧은 서로 다른 선을 그려 보시오.

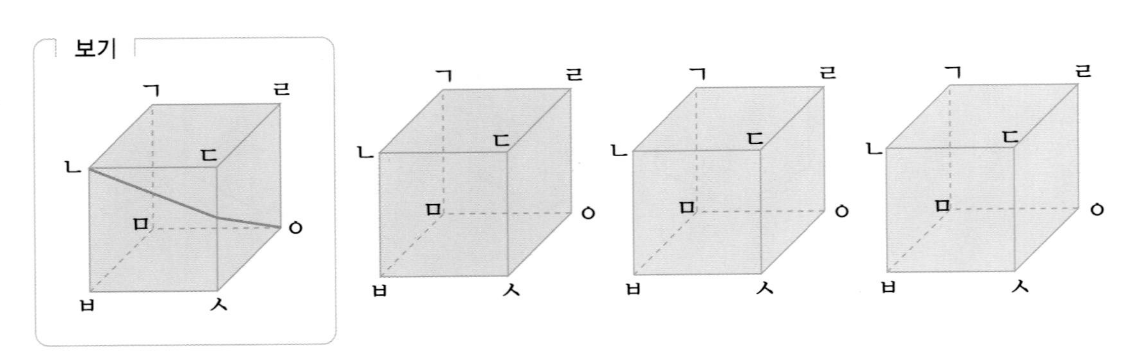

정다면체는 다음과 같이 5가지밖에 없습니다. 물음에 답하시오.

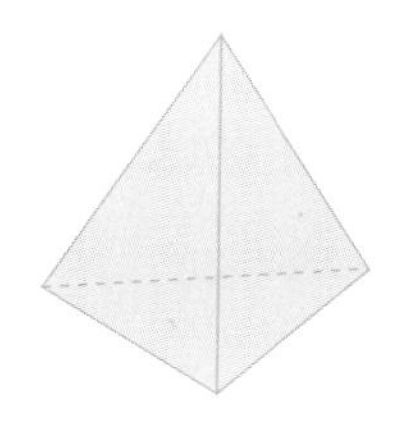
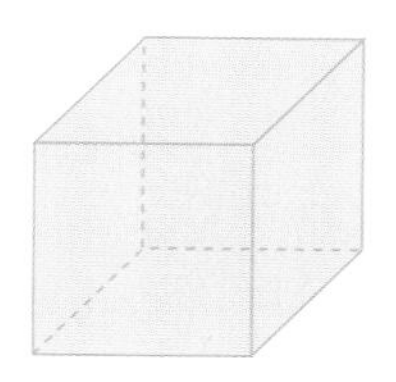
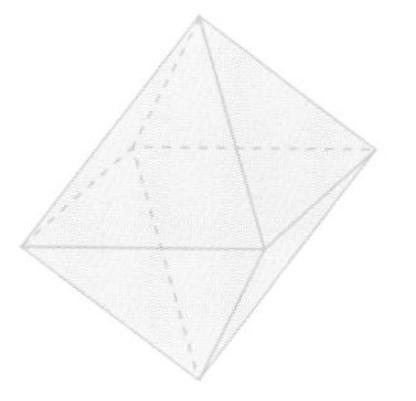
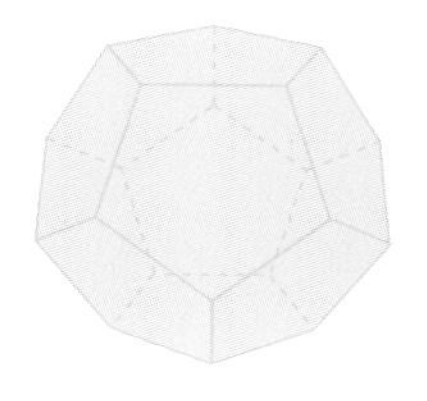
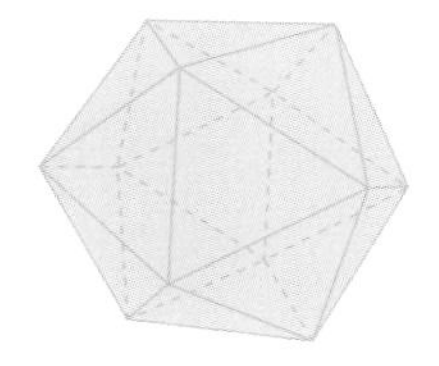

(1) 정다면체가 만들어지려면 하나의 꼭짓점에 모이는 면의 각도의 합이 360° 보다 작아야 합니다. 그 이유를 그림을 그려 설명하시오.

(2) 정다면체는 각 면이 합동인 정다각형이고, 한 꼭짓점에 모이는 면의 수가 3개, 4개 또는 5개로 모두 같아야 합니다. (1)의 내용을 이용하여 정다면체의 면의 모양이 될 수 있는 정다각형을 모두 구하시오.

Memo

Ⅳ 규칙 찾기

1. 암호

Free FACTO

다음을 보고, 문제의 계산 결과를 구하시오.

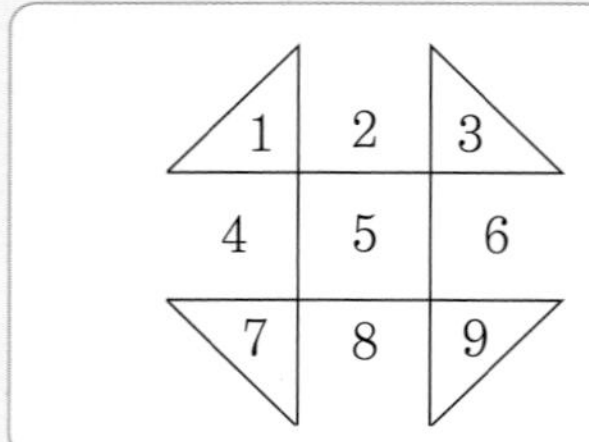

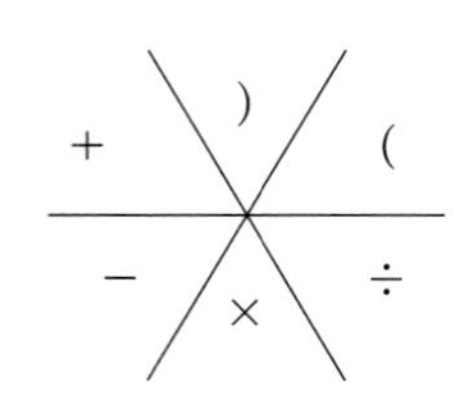

생각의 흐름

1 는 1, 는 2를 나타냅니다. 문제에 숫자가 들어갈 수 있는 모양을 찾아 숫자를 바꾸어 봅니다.

2 는 +, 는 −를 나타냅니다. 문제에서 ( )와 +, −, ×, ÷를 알맞게 찾아 써넣습니다.

3 완성된 식을 계산하여 결과를 구합니다.

다음을 보고, 문제의 계산 결과를 구하시오.

=3, = +, =4, ⋯

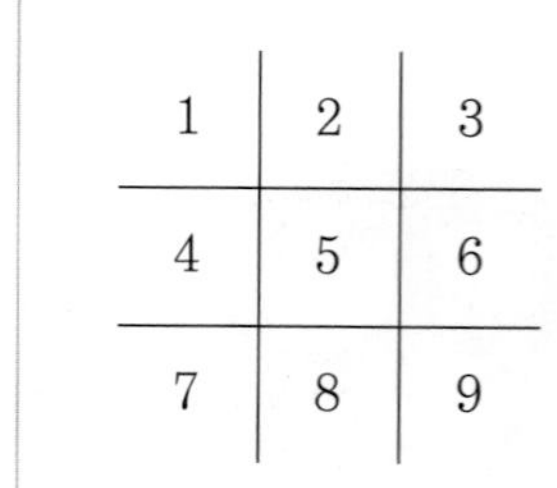

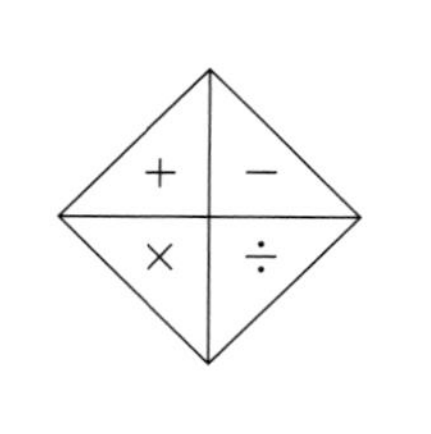

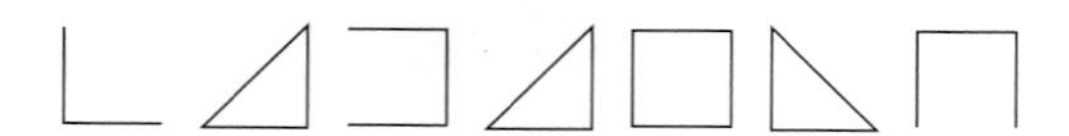

약 4000년전 바빌로니아 사람들은 일(▼)과 십(《)의 두 기호만을 이용하여 모든 수를 나타내었다고 합니다. 아래 표는 17, 63, 172를 바빌로니아 사람들이 표현했던 방식으로 나타내고 있습니다. ㉠에 해당하는 수는 얼마입니까?

앞의 칸은 60의 자리입니다.

17		63		172		㉠	
	《▼▼▼▼▼▼▼	▼	▼▼▼	▼▼	《《《《《▼▼	▼▼▼	《《▼▼

LECTURE 암호 (Secret code)

암호는 어떤 내용을 제 3자가 판독할 수 없는 글자 · 숫자 · 부호 등으로 변경시킨 것으로 로마시대부터 고안되어 사용되고 있습니다.
14세기 이탈리아에서 근대적인 암호가 개발되었으며 무선통신의 발달, 세계대전 등으로 암호화, 암호해석 기술이 획기적으로 발달하였다고 합니다.
최초의 암호는 스파르타의 스키테일 암호인데, 이것은 가는 너비의 테이프를 원통에 서로 겹치지 않도록 감아서, 그 테이프 위에 세로쓰기로 통신문을 기입하는 방식이며, 그 테이프를 풀어 보아서는 기록 내용을 전혀 판독할 수 없지만 동일한 크기의 원통에 감아 보면 내용을 읽을 수 있게 고안되었습니다. 또한 글자를 어떤 규칙에 의해 바꾸는 방식의 암호는 로마시대의 카이사르에 의해서 고안되었습니다. 이것은 전달받고자 하는 내용의 글자를 그대로 사용하지 않고 그 글자보다 알파벳 순서로 앞이나 뒤로 몇 칸씩 옮겨서 글을 바꾸어 기록하는 방식입니다.
다음은 카이사르의 암호편지입니다. 알파벳을 3칸 앞으로 옮겨 읽으면 해독할 수 있다고 합니다. 그 뜻을 알아보세요.

QHYHUWUXVWEUXWXV

암호란 제3자가 그 내용을 알지 못하도록 규칙을 정해 변경시킨 것이지. 암호를 해독하려면 정해놓은 규칙을 찾아야 해.

2. 약속

Free FACTO

어떤 수를 넣고 한 번 누르면 다음과 같은 규칙으로 수가 나오는 계산기가 있습니다. 이 계산기를 연속해서 4번 누르면 1이 되는 수들의 합을 구하시오.

29 → [계산기] → 28　　17 → [계산기] → 16　　32 → [계산기] → 16

12 → [계산기] → 6　　13 → [계산기] → 12　　27 → [계산기] → 26

생각의 흐름

1. 홀수를 넣고 한 번 눌렀을 때 나오는 결과의 규칙을 찾습니다.
2. 짝수를 넣고 한 번 눌렀을 때 나오는 결과의 규칙을 찾습니다.
3. 한 번 눌렀을 때 1이 나올 수 있는 수는 무엇인지 찾습니다.
4. 1에서부터 거꾸로 나올 수 있는 수들을 찾아 나갑니다.

LECTURE 함수

일반적으로 연산이라 하면 일정한 규칙에 따라 결과를 내는 조작을 말합니다. 이를 나타내는 기호를 연산기호라고 하고, 가장 기본적인 연산기호로 사칙연산을 나타내는 +, −, ×, ÷가 있습니다.

이러한 연산기호들을 사용하여 어떠한 수를 넣으면 어떠한 값이 나오는 관계가 있을 때, 이를 함수(函數, fuction)라고 합니다. 여기에서 함(函)은 상자를 나타내는 말로 함수의 개념은 그림과 같이 흔히 접하는 것입니다.

이러한 함수를 정의하는 것이 연산기호를 약속하는 것이라 하겠습니다.

어떤 상자에 수를 넣으면 다음과 같은 규칙으로 수가 나옵니다.

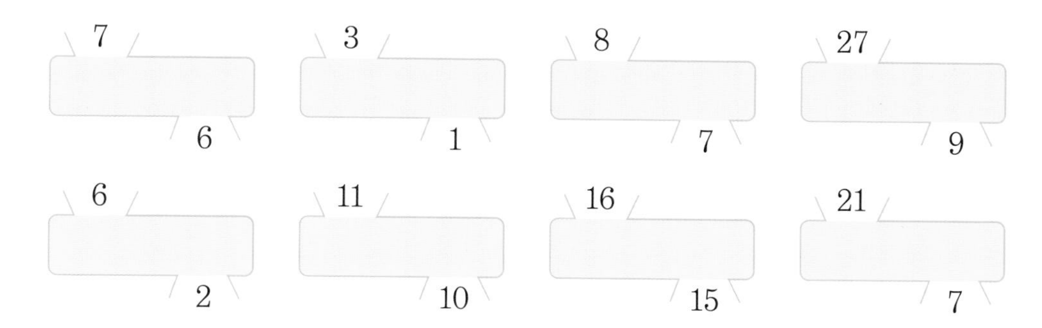

이 상자에 3번 통과시켜서 1이 나오는 수를 모두 구하시오.

상자에 3의 배수를 넣은 경우와 3의 배수가 아닌 수를 넣은 경우 결과가 어떻게 되는지를 찾아 1에서부터 거꾸로 생각해 봅니다.

두 자연수 △, □에 대하여 (△, □)를 다음과 같이 계산합니다. (△, □)의 값이 20보다 작은 순서쌍을 모두 쓰시오.

△가 1, 2, 3, …일 때, □가 될 수 있는 수를 찾아봅니다.

(△, □)=△×△+□×□

3. 패리티 검사

Free FACTO

먼 거리에 전파를 보내면 도중에 방해를 많이 받습니다. 그래서 메시지 (a, b, c)를 전달할 때에는 (a, b, c, a+b, b+c, c+a)의 방법으로 전송합니다. 이렇게 전송을 하면 한 숫자가 틀린 경우 수정해서 복원할 수 있습니다. 다음과 같이 받은 메시지가 한 숫자가 틀렸거나 틀린 숫자가 하나도 없다면, 원래 메시지 (a, b, c)는 무엇입니까?

(2, 0, 3, 3, 4, 5)

생각의 흐름

1 원래 메시지가 (2, 0, 3)이면 받은 메시지가 무엇일지 생각해 봅니다.

2 a=2, c=3일 때 c+a=5는 맞습니다. 한 숫자가 틀렸다면 그 숫자는 무엇인지 찾아봅니다.

3 b가 틀렸다면 무엇으로 고쳐야 하는지 찾아봅니다.

예제 01

민수는 무선으로 철수에게 전파를 보내려고 합니다. 중간에 방해를 받아 전파가 잘못 보내질 것을 염려하여 메시지 (a, b, c)를 전달할 때 (a, b, c, a×b, b×c, c×a)의 방법으로 전송하였습니다. 철수가 메시지를 받아 보니 다음과 같았습니다. 메시지에 틀린 숫자가 있습니까? 있다면 원래 메시지는 무엇입니까?

원래 메시지가 (3, 6, 5)라면 철수는 (3, 6, 5, 18, 30, 15)와 같은 메시지를 받아야 합니다.

(3, 6, 5, 18, 24, 12)

LECTURE 패리티 검사

패리티 검사(parity check)는 컴퓨터 통신에서 실제로 많이 사용하고 있는 오류 검사 방법입니다.
컴퓨터는 우리가 사용하는 문자, 숫자 등을 모두 0과 1로 나타내어 통신상에서 전송하는데, 전송 과정에서 회로상의 잘못으로 오류가 생길 가능성이 있습니다.
이러한 오류를 완전히 수정할 수는 없지만 1이 짝수 개가 되도록 마지막에 1을 추가하여 전송하는 등의 방법으로 전송된 정보가 오류가 없는지를 확인하게 됩니다.
또한 패리티 검사는 일상생활에서도 많이 사용하는데 주민등록번호의 마지막 자리, 바코드의 마지막 자리에도 사용되어 주민등록번호나 바코드가 맞는 것인지 확인하는 데도 사용됩니다.
예를 들어, 주민등록번호가 200401-3094019라 하면 끝자리의 9를 제외한 12자리 숫자에 각각 2, 3, 4, 5, 6, 7, 8, 9, 2, 3, 4, 5를 순서대로 곱한 후 모두 더합니다.

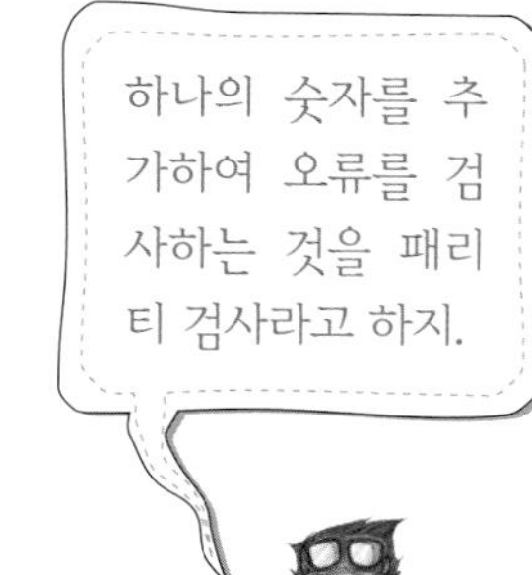

① 12자리	2	0	0	4	0	1	3	0	9	4	0	1	합
② 곱하는 수	2	3	4	5	6	7	8	9	2	3	4	5	
① × ②	4	0	0	20	0	7	24	0	18	12	0	5	90

90을 11로 나누면
$90 \div 11 = 8 \cdots 2$
11에서 위에서 구한 나머지 2를 빼면 9가 됩니다.
이 마지막 계산 결과가 주민등록번호의 끝자리 숫자가 되는 것입니다.
만약 잘못된 주민등록번호라면 위와 같이 계산한 결과와 주민등록번호의 끝자리 숫자가 다를 것입니다.
각자 자신의 주민등록번호를 가지고 계산하여 확인하여 보세요.

Creative 팩토

다음은 로마 숫자를 아라비아 숫자로 나타낸 것입니다. 주어진 식을 계산하여 로마 숫자로 쓰시오.

로마 숫자	Ⅰ	Ⅱ	Ⅲ	Ⅳ	Ⅴ	Ⅵ	Ⅶ	Ⅷ	Ⅸ	Ⅹ	L	C	…	CCXⅣ	…
아라비아 숫자	1	2	3	4	5	6	7	8	9	10	50	100	…	214	…

CCCXXI＋XXXⅣ

Key Point

로마 숫자를 아라비아 숫자로 바꾸어 계산한 후 계산 결과를 다시 로마 숫자로 바꿉니다.

현재 우리가 마트나 서점 등에서 사용하고 있는 바코드는 13개의 숫자로 이루어집니다. 처음 세 숫자 880은 한국 국가 코드이며, 다음 네 개의 숫자는 제조 회사 코드이며, 다음 다섯 개의 숫자는 상품 코드, 마지막 숫자는 검증 코드입니다. 검증 코드의 숫자는 앞에서부터 홀수째 번 자리에 있는 숫자들을 그대로 더하고 짝수째 번 자리에 있는 숫자들은 3배 하여 더한 전체의 합의 일의 자리 숫자를 10에서 뺀 수가 됩니다. 아래의 바코드에서 □ 안에 들어갈 수는 무엇인지 구하시오.

Key Point

10－({(8＋0＋1＋3＋7＋5)＋(8＋2＋2＋4＋8＋□)×3}의 일의 자리 수)=4

1, 2, 3, 4를 오른쪽 그림의 ㉮, ㉯, ㉰, ㉱에 한 번씩만 쓴 후 |보기|와 같은 규칙으로 계산하려고 합니다. ㉲에 올 수 있는 가장 작은 수를 구하시오.

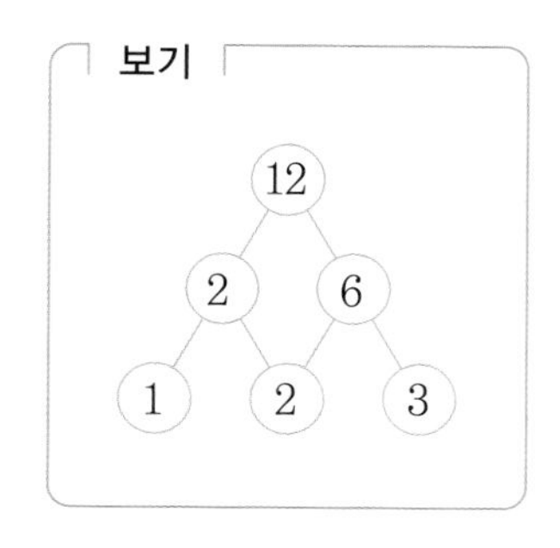

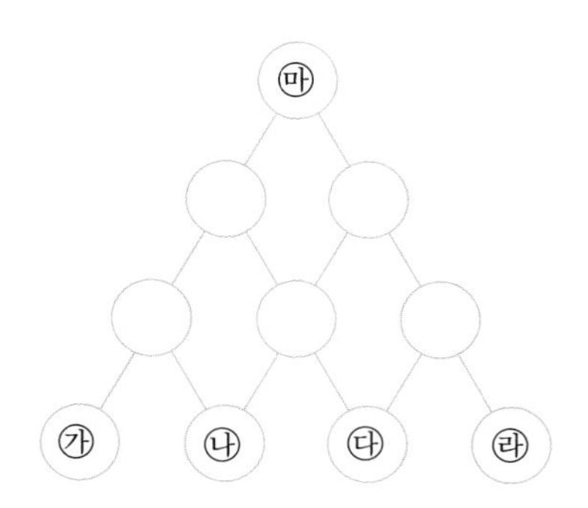

KeyPoint

아래에서 첫째 줄은 ㉮, ㉯, ㉰, ㉱,
둘째 줄은 ㉮×㉯, ㉯×㉰, ㉰×㉱,
셋째 줄은 ㉮×㉯×㉯×㉰,
㉯×㉰×㉰×㉱

어떤 규칙에 의하여 dog를 암호로 나타내면 (4, 1), (5, 3), (2, 2)입니다. 이 규칙에 따라 cat를 암호로 나타내시오.

	1	2	3	4	5
1	a	b	c	d	e
2	f	g	h	i	j
3	k	l	m	n	o
4	p	q	r	s	t
5	u	v	w	x	y

KeyPoint

(4, 1)=d, (5, 3)=o, (2, 2)=g

다음은 어떤 규칙에 따라 수를 기호로 나타낸 것입니다. ㉠에 알맞은 수는 무엇입니까?

KeyPoint
시계를 생각해 봅니다.

다음은 일정한 규칙에 따라 두 수를 갈라 놓은 것입니다. 가, 나, 다, 라에 알맞은 수를 구하시오.

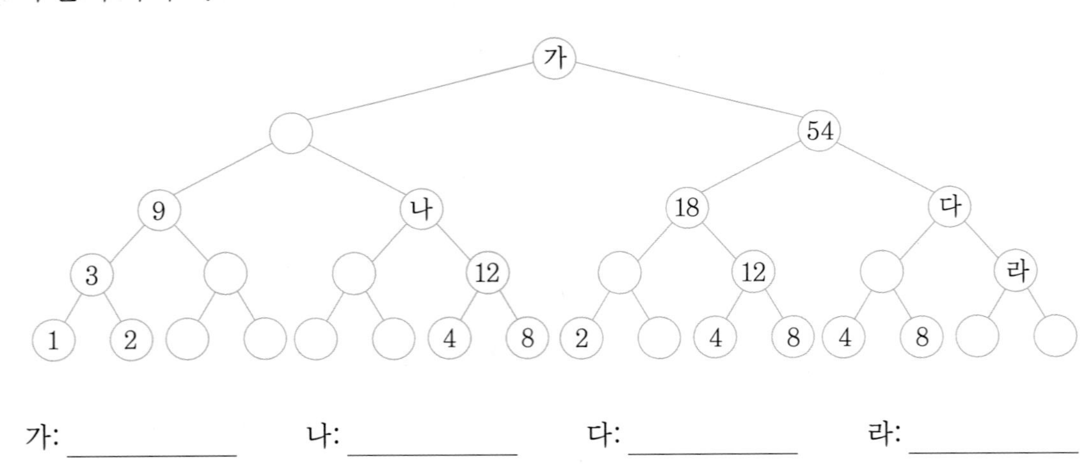

가: ________ 나: ________ 다: ________ 라: ________

KeyPoint
3=1+2, 12=4+8입니다. 어떤 규칙에 따라 두 수의 합으로 표현했는지 생각해 봅니다.

응용 7

컴퓨터는 1과 0만 사용하여 연산하고, 통신을 합니다. 통신상에서 에러가 날 경우 이를 수정하기 위해 가로와 세로의 1의 개수가 홀수 개가 되도록 패리티 비트를 첨가하여 전송을 합니다. 즉, 가로와 세로에서 1의 개수가 홀수 개이면 패리티 비트는 0이 되고, 1의 개수가 짝수 개이면 패리티 비트는 1이 됩니다. 예를 들어, 정보가 1011011이라면 1이 홀수 개이므로 0을 추가하여 10110110이 되고, 정보가 1011010이라면 1이 짝수 개이므로 패리티 비트 1을 추가하여 10110101이 됩니다. 오른쪽 표는 어떤 컴퓨터가 정보를 받은 것입니다. 색칠된 부분이 패리티 비트이고, 받은 정보 중 1개의 수가 틀렸다고 할 때, 그 위치는 어디이고 어떻게 수정해야 합니까?

	1열	2열	3열	4열	5열	6열	7열	
1행	1	0	1	1	0	1	1	0
2행	0	0	1	0	1	0	1	0
3행	1	1	1	0	1	0	1	0
4행	0	0	1	1	1	0	1	0
5행	1	0	0	1	0	1	1	1
6행	1	0	0	1	0	1	1	1
7행	1	0	1	1	0	1	0	1
	0	1	0	0	0	1	1	

응용 8

|보기| 는 아래 두 수의 합을 바로 위의 칸에 써넣는 규칙으로 만든 것입니다. 규칙에 따라 1, 2, 3, 4 네 개의 수를 가장 아래 칸에 한 번씩만 써넣을 때, ㉮가 될 수 있는 수를 모두 구하시오.

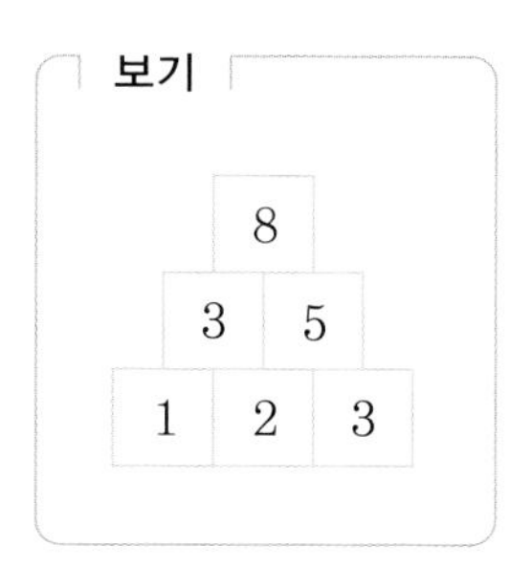

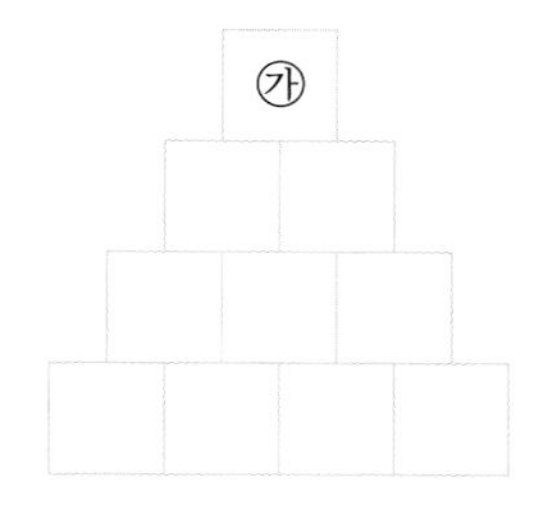

Key Point

가장 아래 칸에 1, 2, 3, 4 순서로 넣는 것과 4, 3, 2, 1 순서로 넣는 것은 ㉮의 값이 같습니다.

4. 군수열

Free FACTO

다음은 일정한 규칙에 따라 분수를 나열한 것입니다. 50째 번 분수는 얼마입니까?

$$\frac{1}{1}, \frac{1}{2}, \frac{2}{1}, \frac{1}{3}, \frac{2}{2}, \frac{3}{1}, \frac{1}{4}, \frac{2}{3}, \frac{3}{2}, \frac{4}{1}, \cdots$$

생각의 흐름
1 분모와 분자의 합이 같은 것끼리 괄호로 묶습니다.
2 50째 번 분수는 몇째 번 괄호 안에 들어가는지 찾아봅니다.
3 분자의 규칙에 따라 50째 번 분수를 구합니다.

다음은 일정한 규칙에 따라 분수를 나열한 것입니다. 30째 번 분수는 무엇입니까?

분모에 따라 괄호로 묶고 30째 번 수가 몇째 번 괄호에 있는지 찾아봅니다.

$$\frac{1}{1}, \frac{1}{2}, \frac{2}{2}, \frac{1}{3}, \frac{2}{3}, \frac{3}{3}, \frac{1}{4}, \frac{2}{4}, \cdots$$

LECTURE 군수열

다음과 같이 수들이 묶음으로 규칙을 갖고 배열되어 있는 것을 군수열이라고 합니다.

(1), (1, 2), (1, 2, 3), (1, 2, 3, 4), ⋯

이러한 군수열에서 □째 번 수를 구하기 위해서는 묶음의 규칙을 찾고, 묶음 속에서 어떤 규칙을 가지는지 찾아야 합니다.

이러한 군수열을 이용하여 문제를 해결하는 대표적인 수열이 분수 수열입니다.

다음과 같은 분수 수열이 있다고 할 때, 100째 번 분수를 찾아봅시다.

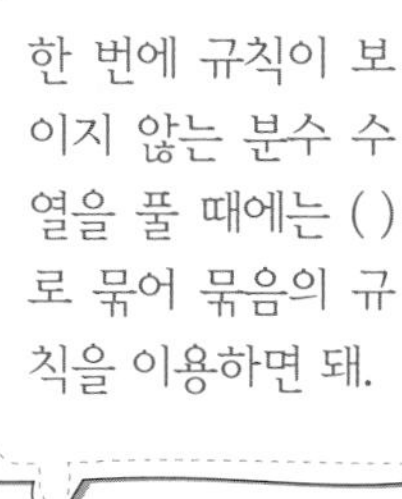

$$\frac{1}{1}, \frac{1}{2}, \frac{2}{1}, \frac{1}{3}, \frac{2}{2}, \frac{3}{1}, \frac{1}{4}, \frac{2}{3}, \frac{3}{2}, \frac{4}{1}, \cdots$$

① 먼저, 적당한 규칙으로 묶습니다.

여기에서는 분모, 분자의 합이 같은 것끼리 괄호로 묶습니다.

$$\left(\frac{1}{1}\right), \left(\frac{1}{2}, \frac{2}{1}\right), \left(\frac{1}{3}, \frac{2}{2}, \frac{3}{1}\right), \left(\frac{1}{4}, \frac{2}{3}, \frac{3}{2}, \frac{4}{1}\right), \cdots$$

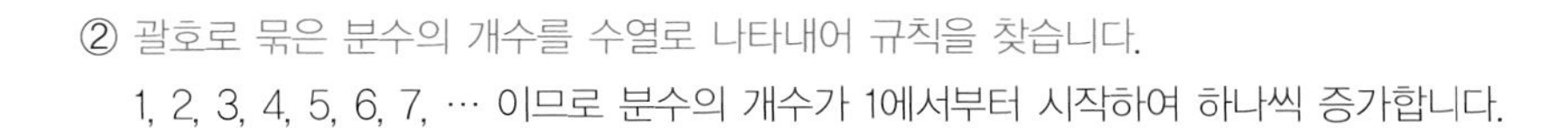

② 괄호로 묶은 분수의 개수를 수열로 나타내어 규칙을 찾습니다.

1, 2, 3, 4, 5, 6, 7, ⋯ 이므로 분수의 개수가 1에서부터 시작하여 하나씩 증가합니다.

③ 찾고자 하는 분수가 몇째 번 묶음의 몇째 번 수인지 구합니다.

1+2+3+⋯+12+13=91이므로 13째 번 묶음까지 분수의 개수는 91개이고, 100째 번 분수는 14째 번 묶음의 9째 번 분수임을 알 수 있습니다.

④ 찾은 묶음의 첫째 번 분수를 구하고, 이 분수를 이용하여 찾고자 하는 분수를 구합니다.

14째 번 묶음의 수는 분모, 분자의 합이 15이고, 분자가 1부터 1씩 커지므로 이 묶음의 첫째 번 분수는 분모가 14, 분자가 1인 $\frac{1}{14}$ 입니다. 따라서 9째 번 분수는 분자가 9이고, 분모가 6인 $\frac{9}{6}$ 가 됩니다.

5. 피보나치 수열

Free FACTO

계단을 오르는데 한 번에 한 계단 또는 두 계단을 오를 수 있다고 합니다. 다섯째 번 계단까지 올라가는 방법은 모두 몇 가지입니까?

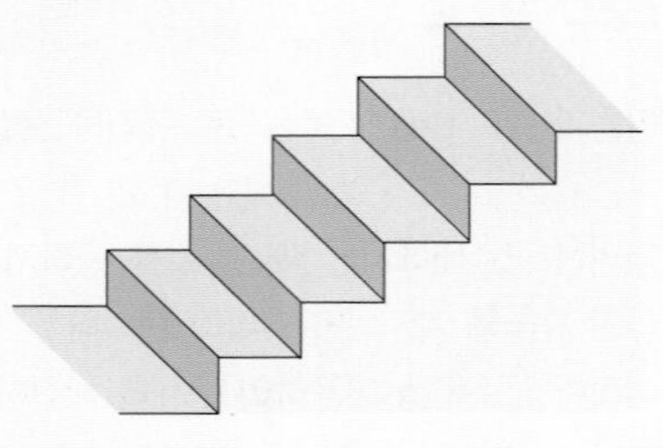

생각의 흐름

1 첫째 번 계단을 올라가는 방법은 □가지입니다.

2 둘째 번 계단을 올라가는 방법은 1칸씩 2번, 2칸을 한 번에 오를 수 있으므로 □가지입니다.

3 셋째 번 계단을 올라가는 방법은 첫째 번 칸에서 2칸 오르거나 둘째 번 칸에서 1칸 오르면 되므로 (첫째 번 칸을 오를 수 있는 방법의 가짓수)+(둘째 번 칸을 오를 수 있는 방법의 가짓수)입니다. 따라서 □가지입니다.

4 위와 같은 방법으로 다섯째 번까지 계산해 봅니다.

7개의 칸이 있는 사다리가 있습니다. 한 번에 한 칸 또는 두 칸을 오를 수 있다면 사다리를 오르는 방법은 모두 몇 가지가 있습니까?

셋째 번 칸을 오르려면 첫째 칸에서 2칸 또는 둘째 칸에서 1칸 오르면 됩니다.

LECTURE 피보나치 수열

한 번에 한 칸 또는 두 칸을 오를 수 있는 사다리가 있다고 할 때, 사다리를 오르는 방법의 수를 알아봅시다.

① 1칸짜리 사다리의 경우 오르는 방법의 수는 한 가지밖에 없습니다.

② 2칸짜리 사다리의 경우 오르는 방법은
1칸씩 두 번 오르거나, 한 번에 2칸을 오르는 두 가지 방법이 있습니다.
이것을 (1, 1), (2)로 표시합니다.

③ 3칸짜리 사다리의 경우 오르는 방법은
1칸씩 세 번 오르거나 (1, 1, 1),
1칸을 한 번, 2칸을 한 번 오르는 방법 (1, 2), (2, 1) 두 가지가 있으므로
모두 3가지 방법이 있습니다.

④ 4칸짜리 사다리의 경우 오르는 방법은
(1, 1, 1, 1), (1, 1, 2), (1, 2, 1), (2, 1, 1), (2, 2)
와 같이 5가지 방법이 있습니다.

1, 1, 2, 3, 5, 8, 13, 21, 34, …와 같이 앞의 두 수를 더하면 그 다음 수가 되는 수열을 피보나치 수열이라 하지. 피보나치 수열을 이용하면 토끼의 번식 문제, 계단 오르기 문제 등을 쉽게 해결할 수 있어.

그런데 4칸짜리 사다리를 오르는 방법은
(ⅰ) 둘째 번 칸에 오른 후 2칸을 가는 방법과
(ⅱ) 셋째 번 칸에 오른 후 1칸을 가는 방법
두 가지로 볼 수 있습니다. 따라서 2칸짜리 사다리를 오르는 방법의 수(2가지)와 3칸짜리 사다리를 오르는 방법의 수(3가지)를 더한 것과 같습니다.
마찬가지로 5칸짜리 사다리를 오르는 방법은 3칸짜리 사다리를 오르는 방법의 수(3가지)와 4칸짜리 사다리를 오르는 방법의 수(5가지)를 더한 것과 같으므로 8가지가 됩니다.
같은 방법으로 6칸짜리 사다리를 오르는 방법의 수를 구해 보세요.

이와 같이 앞의 두 수를 더하면 그 다음 수가 되는 수열을 피보나치 수열이라 합니다.

1, 1, 2, 3, 5, 8, 13, 21, 34, …

이 수열은 중세 이탈리아의 수학자 피보나치가 쓴 산반서에 처음으로 소개되었기에 그의 이름을 따서 피보나치 수열이라 부르게 되었습니다. 피보나치 수열을 이용하면 계단 오르기, 미생물의 번식 등 여러 가지 문제를 손쉽게 해결할 수 있습니다.

6. 수의 관계

Free FACTO

휴대전화 요금을 지불하는 방법이 다음과 같이 2가지가 있다고 합니다.

> [방법 1] 한 달 기본 요금이 10000원이며, 1분 통화할 때마다 200원씩 요금이 붙습니다.
> [방법 2] 한 달 기본 요금이 15000원이며, 1분 통화할 때마다 100원씩 요금이 붙습니다.

[방법 1]을 선택했을 때, [방법 2]보다 요금이 같거나 적게 드는 통화 시간은 몇 분까지입니까?

생각의 흐름

1. 통화를 하지 않으면 요금은 얼마 차이 나는지 구합니다.
2. 1분 통화할 때마다 요금 차이가 얼마씩 줄어드는지 구합니다.
3. [방법 1]이 [방법 2]보다 요금이 적게 드는 통화 시간을 구합니다.

LECTURE 식 세워 풀기

위의 문제에서 통화 요금을 □(원), 통화 시간을 △(분)이라고 하면

[방법 1]에서 통화 요금은 □=10000+200×△

[방법 2]에서 통화 요금은 □=15000+100×△

[방법 1]과 [방법 2]에서 통화 요금 (□)을 같다고 하면

$$10000+200\times\triangle=15000+100\times\triangle$$
$$100\times\triangle=5000$$
$$\triangle=50$$

즉, 통화 시간이 50분일 때의 통화 요금은 같습니다.

민수는 저금통에 7000원이 있고, 민수 동생은 저금통에 10000원이 있습니다. 3월 1일부터 민수는 하루에 500원씩 저금을 하고, 동생은 하루에 300원씩 저금을 한다고 하면 민수가 저금한 금액이 동생보다 많아지는 것은 몇 월 며칠부터입니까?

민수는 동생보다 저금한 금액이 3000원 적고, 하루에 200원씩 차이가 줄어듭니다.

토끼와 거북이가 달리기 경주를 합니다. 토끼는 1분에 100m 달리고, 거북이는 1분에 20m 달립니다. 1000m 달리기를 할 때, 거북이가 이기려면 토끼는 낮잠을 몇 분 넘게 자야 합니까?

토끼와 거북이가 1000m 달리는 데 걸리는 시간을 계산해 봅니다.

Creative 팩토

다음과 같이 일정한 규칙으로 수를 늘어놓았을 때, 열째 줄에 놓인 수들의 합을 구하시오.

3	7				… 첫째 줄
5	9	13			… 둘째 줄
9	13	17	21		… 셋째 줄
15	19	23	27	31	… 넷째 줄
		⋮			

KeyPoint

각 줄의 맨 앞의 수를 살펴보면 3, 5, 9, 15, …입니다.
+2 +4 +6

몸 길이가 3cm가 되면 1cm와 2cm로 나누어지는 미생물이 있습니다. 이 미생물의 몸의 길이는 10분에 1cm씩 자랍니다. 몸 길이가 1cm인 미생물 6마리는 1시간이 지나면 모두 몇 마리가 되는지 구하시오.

KeyPoint

그림을 그려 규칙을 찾아봅니다.

다음 표는 일정한 규칙에 따라 수를 1부터 차례로 배열한 것입니다. 이 표에서 11의 위치가 4째 번 줄, 7째 번 칸에 있는 수를 (4, 7)과 같이 나타낼 때, 100의 위치를 이와 같은 방법으로 나타내시오.

	①	②	③	④	⑤	⑥	⑦
①		1		2		3	
②	7		6		5		4
③		8		9		10	
④	14		13		12		11
⑤		15		16		17	
	⋮	⋮	⋮	⋮	⋮	⋮	⋮

Key Point

수가 7개 배열되는 것을 하나의 군으로 생각합니다.

A 자동차는 1시간에 100km를 달리고, B 자동차는 한 시간에 60km를 달립니다. B 자동차가 먼저 출발하고 30분이 지나 A 자동차가 같은 방향으로 달린다면, A 자동차는 출발하고 몇 분이 지나서 B 자동차를 따라잡을 수 있는지 구하시오.

Key Point

B 자동차는 30분 후에 A 자동차보다 30km 앞에 있습니다. A 자동차와 B 자동차와의 거리는 1시간에 40km씩 줄어듭니다.

어느 주차장에 주차 요금을 지불하는 방법은 다음 2가지가 있다고 합니다.

> [방법 1] 10000원을 내면 2시간을 주차할 수 있고, 이후에는 10분에 500원씩입니다.
>
> [방법 2] 처음부터 10분에 700원씩입니다.

[방법 2]를 선택할 때 [방법 1]보다 주차 요금이 많이 나오는 것은 몇 시간 몇 분이 지난 후부터입니까?

Key Point

[방법2]로 두 시간일 때의 주차요금을 구하고 그 이후 10분마다 차이가 얼마나 줄어드는지 구합니다.

한 쌍의 토끼는 태어난 지 두 달 후부터 매달 한 쌍의 아기 토끼를 낳을 수 있습니다. 새로 태어난 아기 토끼 한 쌍이 있을 때, 1년이 지나면 토끼는 모두 몇 쌍이 되는지 구하시오.

Key Point

그림으로 나타내어 토끼가 늘어나는 규칙을 찾아봅니다.

응용 7

다음은 어떤 규칙에 따라 수를 나열한 것입니다.

1, 1, 2, 1, 1, 2, 3, 2, 1, 1, 2, 3, 4, 3, 2, 1, 1, ···

이와 같은 규칙으로 수를 나열할 때, 100째 번에 오는 수는 무엇인지 구하시오.

Key Point

(1), (1, 2, 1), (1, 2, 3, 2, 1), ···과 같이 ( )로 묶어 봅니다.

응용 8

그림과 같이 정사각형 모양의 조각과 정사각형을 2개 붙여 놓은 조각이 각각 여러 개씩 있습니다. 이 조각들로 직사각형이 8개 붙어 있는 빈칸을 모두 채우는 방법은 몇 가지인지 구하시오.

Key Point

3칸을 채우는 방법은 1칸을 채우고 2개짜리를 놓는 방법과 2칸을 채우고 1개짜리를 놓는 방법이 있습니다.

Thinking 팩토

다음과 같이 수가 배열되어 있습니다. 규칙에 맞게 빈칸에 수를 써넣을 때, 색칠된 칸에 들어갈 수를 구하시오.

1	3	4	10	11	21				…
2	5	9	12	20					…
6	8	13	19						…
7	14	18							…
15	17								…
16									…
									…
⋮	⋮	⋮	⋮	⋮	⋮	⋮	⋮	⋮	⋱

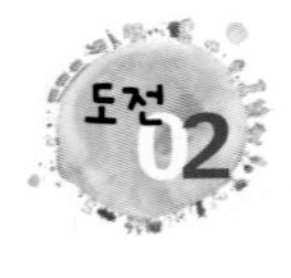

토끼가 거북이를 쫓아가고 있습니다. 처음에는 거북이가 60m 앞에 있었습니다. 4분 후에 둘 사이의 거리를 다시 측정해 보니 거북이가 20m 앞에 있었습니다. 그로부터 몇 분 후에 토끼가 거북이를 따라잡을 수 있습니까?

V 도형의 측정

1. 원주율(π)

Free FACTO

그림은 상현이와 영민이가 원형 트랙을 따라 달리기를 하고 있는 모습을 위에서 본 것입니다. 상현이는 반지름이 12m인 작은 원을 따라 한 바퀴를 달렸고, 영민이는 반지름이 상현이가 달리는 원의 반지름보다 1m 더 큰 원을 따라 한 바퀴를 달렸습니다. 영민이는 상현이보다 몇 m를 더 달렸는지 구하시오.

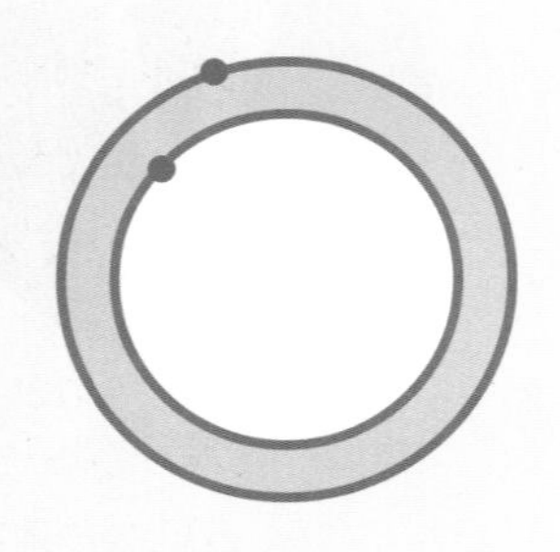

생각의 흐름

1 상현이가 달린 거리를 구합니다.

2 영민이가 달린 원의 반지름을 구하고, 영민이가 달린 거리를 구합니다.

3 1과 2의 차를 구합니다.

4 두 사람이 달린 거리를 각각 구하지 않고, 그 차를 구할 수 있는 방법을 생각해 봅니다.

LECTURE 원주율(π) - 아르키메데스의 방법

1 원의 둘레의 길이와 원의 반지름 사이에는 일정한 비가 있습니다. 이 일정한 비를 원주율(π)이라고 부릅니다.

(원의 둘레)=(원의 반지름)×2×(원주율)=(지름)×(원주율)

2 아르키메데스는 그림과 같이 원에 내접하는 정다각형과 외접하는 정다각형을 그려 [원의 둘레는 원에 내접하는 정다각형의 둘레보다는 크고, 외접하는 정다각형의 둘레보다는 작다]는 사실을 이용해 원주율을 구했습니다.

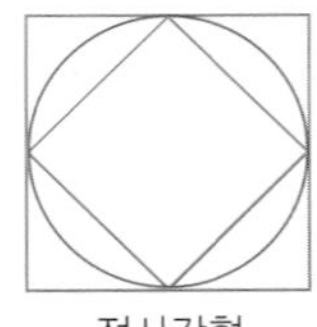
정사각형

정육각형

정십이각형

정이십각형

…

3 아르키메데스의 방법을 이용해 독일의 수학자 루돌프는 원주율을 소수점 아래 35자리까지 계산했습니다.

루돌프의 원주율(π)=3.14159265358979323846264338327950288

지구의 반지름은 약 6400km입니다. 지구를 완전한 구라고 할 때, 지구보다 반지름이 10km 더 큰 구의 중심을 지나는 단면의 둘레는 지구의 단면의 둘레보다 몇 km 더 긴지 구하시오.

지구의 단면의 반지름과 더 큰 구의 반지름의 길이를 비교합니다.

LECTURE 원주의 활용

1 원주는 지름에 비례합니다.

따라서 원주는 지름이 커진 값에 원주율을 곱한 만큼 그 길이가 변합니다. 예를 들어, 지름이 1cm 커지면 원주는 1×3.14=3.14(cm) 커지고, 지름이 2cm 커지면 원주는 2×3.14=6.28(cm) 커집니다.

2 지름이 2인 원의 지름을 1만큼 더 늘려 만든 지름이 3인 원 (가)와 지름이 2인 원과 1인 원을 이어 만든 도형 (나)의 둘레는 서로 같습니다.

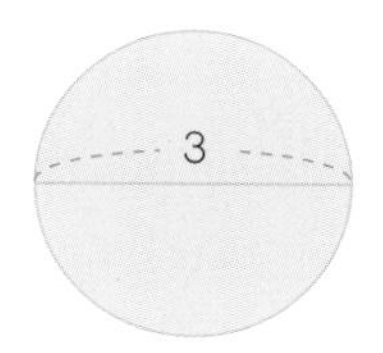

(가) 3×3.14=9.42

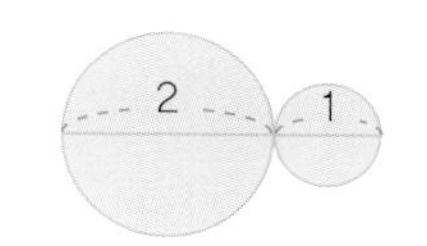

(나) 2×3.14+1×3.14=9.42

2. 원주

Free FACTO

다음은 밑면의 반지름이 5cm인 원기둥 4개를 묶은 모양을 위에서 내려다본 것입니다. 끈의 길이를 구하시오. (단, 매듭의 길이는 생각하지 않습니다.)

생각의 흐름

1 그림과 같이 원의 중심을 기준으로 끈을 선분과 곡선으로 나눕니다. 선분의 길이의 합을 구합니다.

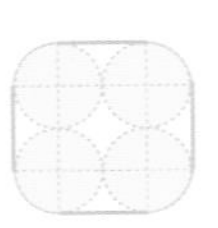

2 곡선을 이어 붙이면 반지름이 5cm인 원주가 됩니다. 곡선 부분의 길이의 합을 구합니다.

LECTURE 원의 일부

그림과 같이 두 반지름과 원의 한 부분으로 둘러싸인 부채 모양의 도형을 부채꼴이라고 합니다. 이 때, 두 반지름이 이루는 각 ㄱㅇㄴ을 부채꼴의 중심각이라 하고, 곡선 ㄱㄴ을 호라고 합니다.

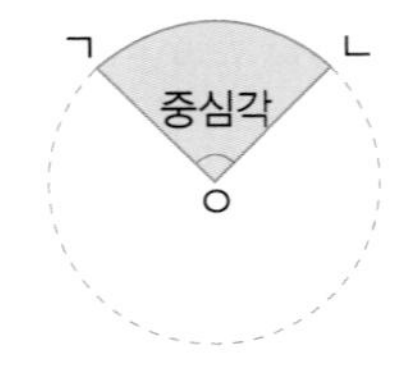

부채꼴의 호의 길이는 중심각의 크기에 비례하므로

(부채꼴의 호의 길이)=(원주)×(중심각)÷360°

입니다.

지름이 10cm인 원 3개를 그림과 같이 이어 붙였습니다. 그림에서 굵게 그려진 도형의 둘레의 길이를 구하시오.

원의 중심과 도형이 만나는 점을 이어 선분과 곡선으로 나누어 생각합니다.

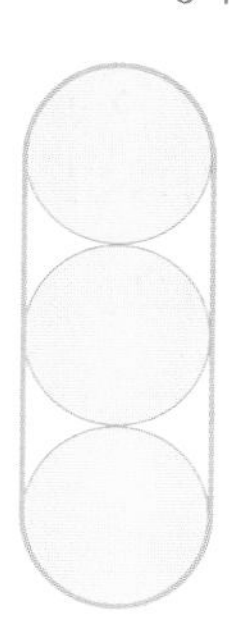

색칠된 도형의 둘레의 길이를 구하시오.

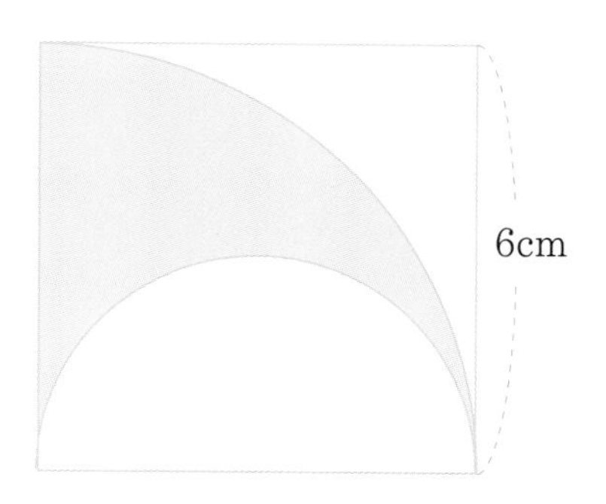

3. 원의 넓이

Free FACTO

그림과 같이 한 변의 길이가 4m인 정사각형 모양의 울타리 밖에 소가 한 마리 묶여 있습니다. 끈의 길이가 3m이고, 끈이 묶여 있는 곳은 한 변의 중심이라고 합니다. 소가 울타리 안으로 들어갈 수 없다고 할 때, 풀을 뜯어 먹을 수 있는 땅의 넓이를 구하시오.

생각의 흐름

1 한 점을 중심으로 일정한 거리에 놓인 점들을 연결하면 원이 만들어집니다. 따라서 끈이 고정된 지점을 중심으로 반지름이 3m인 원의 일부를 그립니다.

2 1을 따라 원을 그리면 울타리의 꼭짓점과 끈이 만나는 곳에서부터 반지름이 3m인 원을 그릴 수 없게 됩니다. 작은 원의 반지름을 구하여 소가 풀을 먹을 수 있는 땅의 넓이를 구합니다.

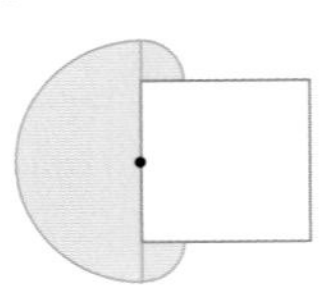

LECTURE 원의 넓이

그림과 같이 원을 한없이 작게 잘라 붙이면 원의 넓이는 가로의 길이가 원주의 $\frac{1}{2}$이고, 세로의 길이가 반지름의 길이와 같은 직사각형의 넓이와 점점 같아진다는 것을 알 수 있습니다.

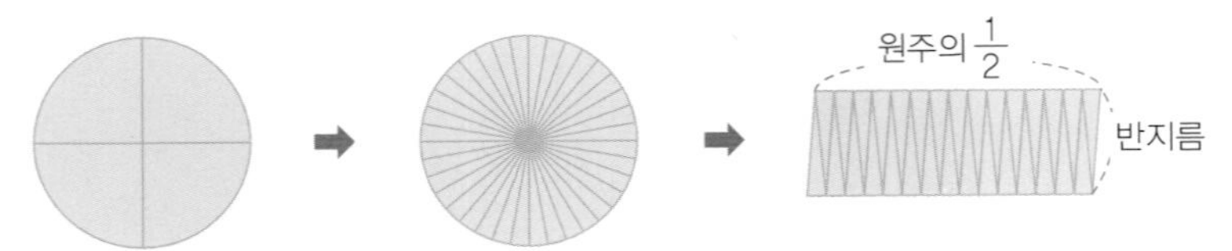

(원의 넓이)=(원주의 $\frac{1}{2}$)×(반지름)=(반지름)×(반지름)×(원주율)

가로, 세로가 각각 13m, 10m인 직사각형 모양의 울타리의 한 꼭짓점에 길이가 10m인 끈이 묶여 있고, 이 끈의 다른 쪽 끝에 묶인 코끼리가 있습니다. 울타리 안으로 들어갈 수 없다고 할 때, 코끼리가 움직일 수 있는 땅의 넓이를 구하시오.

반지름이 10m인 원의 일부를 그려 봅니다.

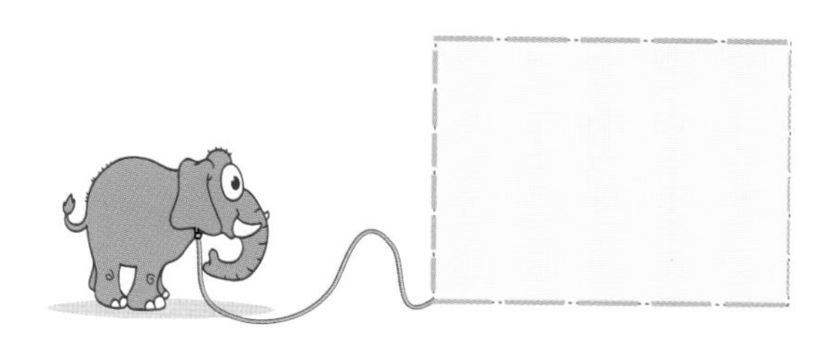

그림과 같이 직사각형 모양의 울타리가 있는데, 양 한 마리가 길이 4m 되는 줄에 묶여 있습니다. 이 양이 움직일 수 있는 가장 넓은 범위는 몇 m^2입니까?

위에서 내려다본 모양입니다.

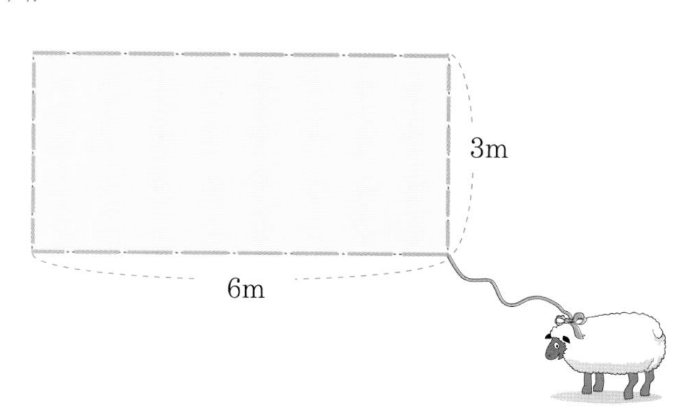

Creative 팩토

반지름이 2cm인 동전을 선분 ㄱㄴ을 따라 2바퀴 굴렸습니다. 동전이 굴러간 거리는 몇 cm입니까?

KeyPoint
원주의 2배입니다.

다음은 밑면의 지름이 10cm인 원기둥 4개를 묶은 모양을 위에서 내려다본 것입니다. 끈의 길이를 구하시오. (단, 매듭의 길이는 생각하지 않습니다.)

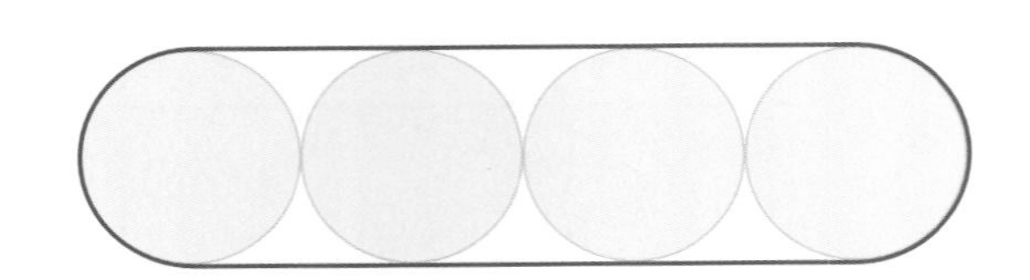

KeyPoint

응용 3

한 변이 4cm인 정사각형 안에 다음과 같이 여러 가지 모양을 그려 넣었습니다. 색칠된 도형의 둘레를 각각 구하시오.

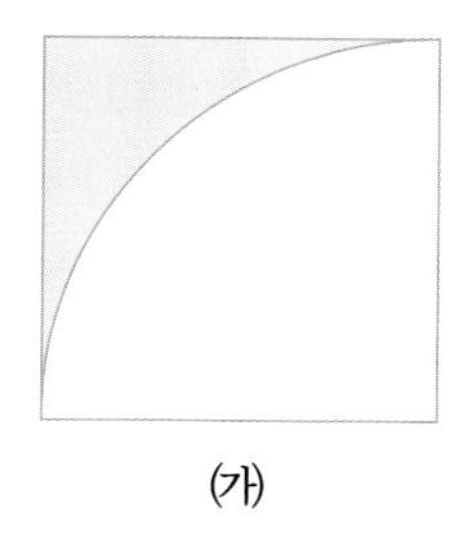
(가)

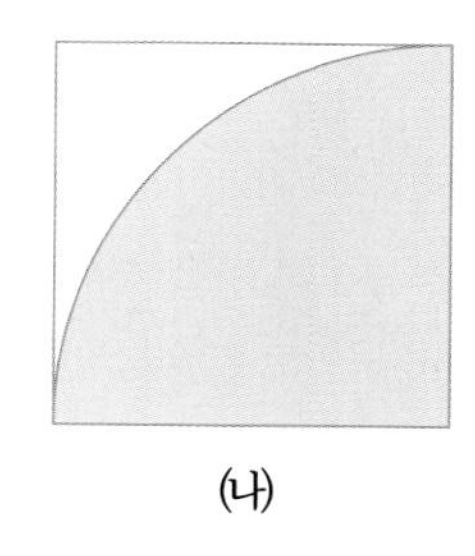
(나)

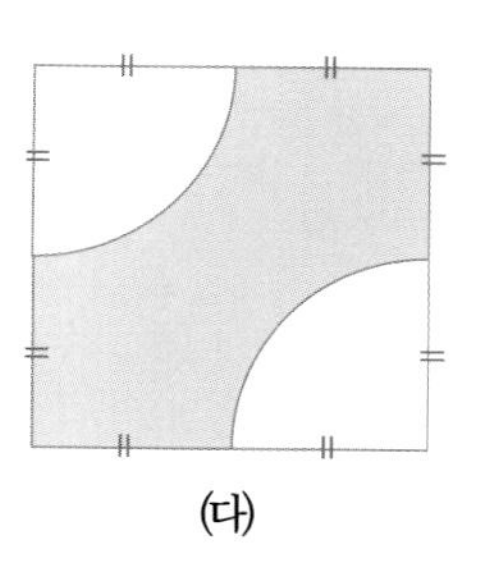
(다)

Key Point
곡선과 직선으로 나누어 둘레의 길이를 구합니다.

응용 4

지름이 5cm인 원 (가)를 지름이 10cm인 원 (나)의 둘레를 따라 한 바퀴 굴립니다. 원 (가)의 중심이 움직인 거리를 구하시오.

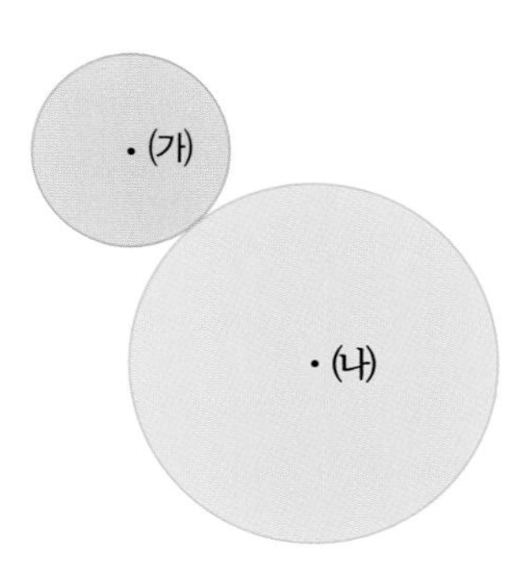

Key Point
(가)의 중심이 움직인 모양을 그려 봅니다.

색칠된 부분의 넓이를 구하시오.

(1)

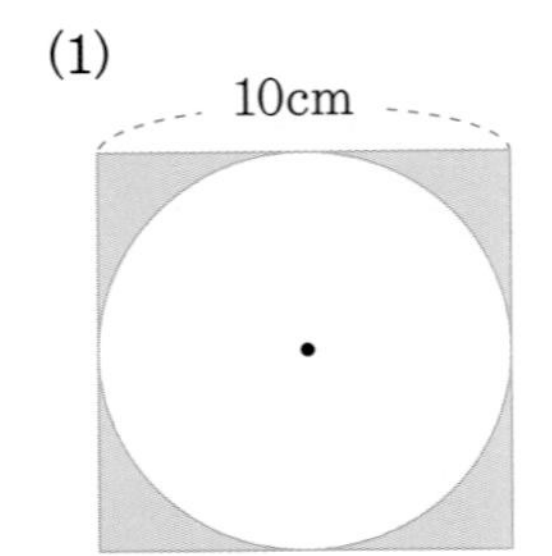

(2)

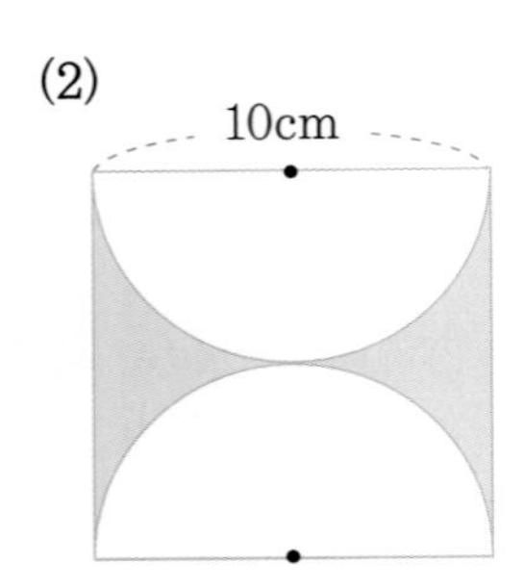

(3)

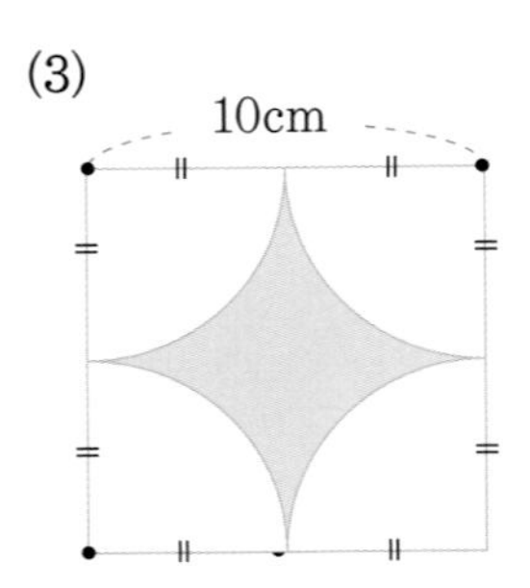

Key Point

정사각형의 넓이에서 원의 넓이를 빼줍니다.

한 변의 길이가 20cm인 정사각형 안에 반원을 그려 만든 모양입니다. 색칠된 부분의 넓이의 합을 구하시오.

Key Point

A와 B는 서로 같은 모양입니다.

가로 2cm, 세로 8cm인 직사각형의 둘레에 그림과 같이 부채꼴을 만들었습니다. 색칠된 부분의 넓이를 구하시오.

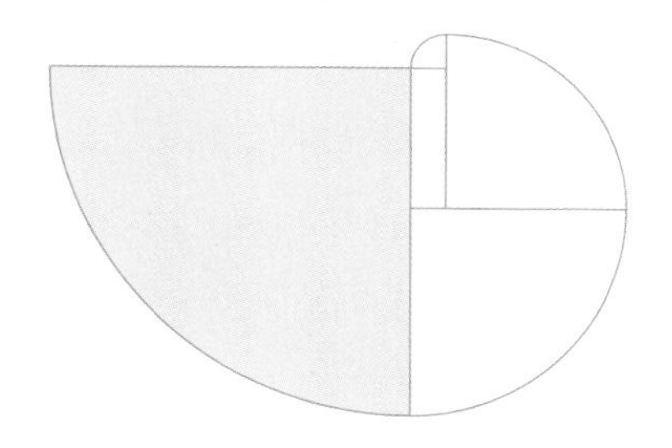

Key Point
부채꼴의 반지름의 길이를 모두 구합니다.

목장 안에 한 변이 5m인 정삼각형 모양의 울타리가 있습니다. 울타리의 한 꼭짓점에 3m 길이의 끈에 묶인 양이 있습니다. 이 양이 풀을 먹을 수 있는 땅의 넓이를 구하시오.

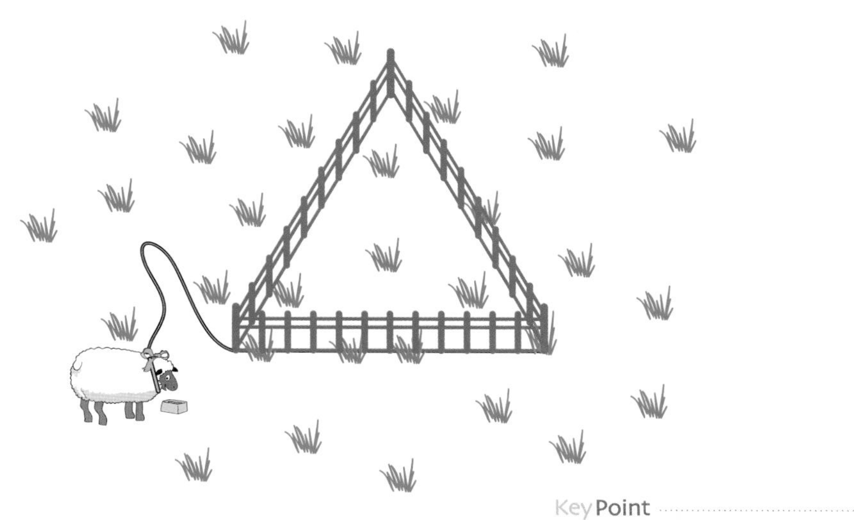

Key Point
양이 움직일 수 있는 땅의 모양을 그립니다.

4. 아르키메데스의 묘비

Free FACTO

한 변이 40cm인 정육면체로 둘러싸인 원기둥 모양의 물통이 있습니다. 이 물통에 가득 든 물의 부피를 구하시오.

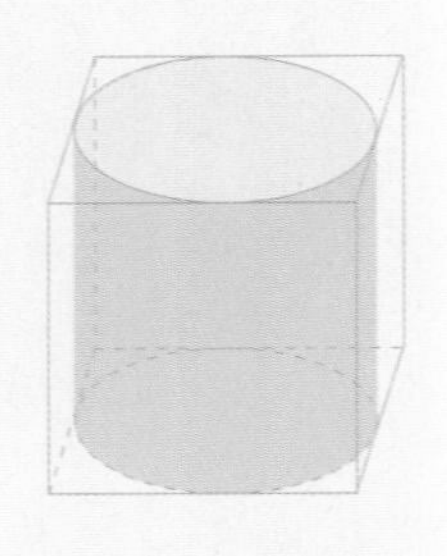

생각의 흐름

1 원기둥의 밑면의 반지름의 길이를 구하여 밑면의 넓이를 구합니다.

2 (원기둥의 부피)=(밑넓이)×(높이)입니다. 원기둥의 높이를 구하여 그 부피를 구합니다.

LECTURE 아르키메데스의 묘비

유클리드, 아폴로니우스, 아르키메데스는 고대 3대 수학자입니다.
그중 원에 외접하는 정다각형과 내접하는 정다각형의 둘레로 원주율을 구한 아르키메데스의 묘비에서 오른쪽과 같은 그림이 발견되었습니다.
구의 겉넓이와 부피를 구하기 위한 고민을 시작한 아르키메데스는 구를 평면으로 한없이 잘라 생긴 원들의 둘레를 이용해 구의 겉넓이를 구했고, 구에 외접하는 원기둥과 그 원기둥에 내접하는 원뿔의 부피를 이용해 원의 부피를 구했습니다.
아르키메데스는 목욕탕에서 물의 부력을 발견하고 벌거벗은 채로 "Eureka"라고 외치고 뛰어나갔다는 이야기로도 유명합니다.

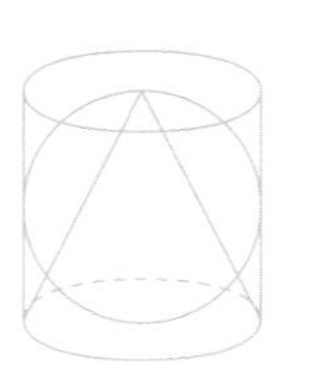

한 모서리가 2cm인 쌓기나무로 다음 모양을 만들었습니다. 밑면을 포함한 겉넓이를 구하시오.

이 모양과 겉넓이가 같은 간단한 입체도형을 생각합니다. 위, 아래, 앞, 뒤, 오른쪽, 왼쪽에서 본 모양을 그려 그 넓이를 더합니다.

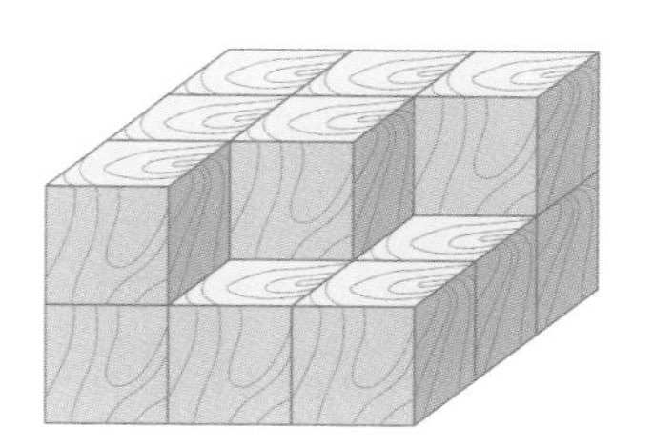

가로, 세로, 높이가 각각 3cm인 쌓기나무를 연결하여 그림과 같이 만들었습니다. 이 도형의 겉면에 가로, 세로 3cm인 정사각형 모양의 색종이를 모두 붙이려고 합니다. 색종이는 모두 몇 장이 필요한지 구하시오.

위, 밑, 옆(앞, 뒤, 오른쪽, 왼쪽 옆)에서 보이는 면의 개수를 각각 구합니다.

Creative 팩토

다음은 밑면의 넓이가 모두 같고, 높이가 서로 다른 각기둥입니다. 각기둥 ㈎, ㈏, ㈐의 부피의 비를 구하시오.

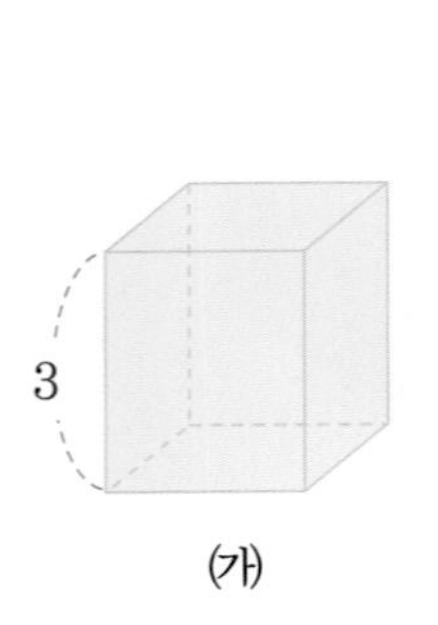

㈎

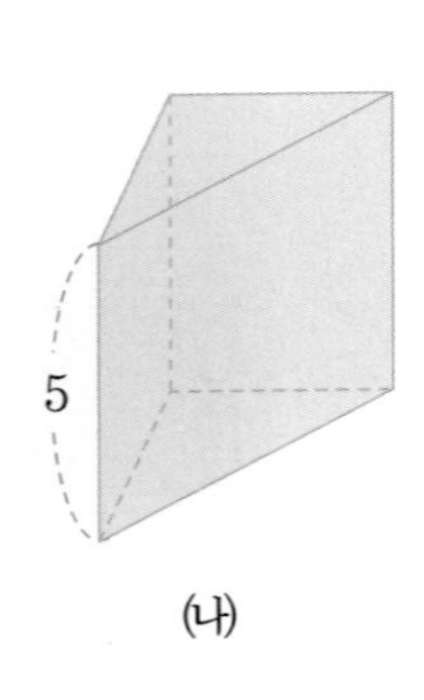

㈏

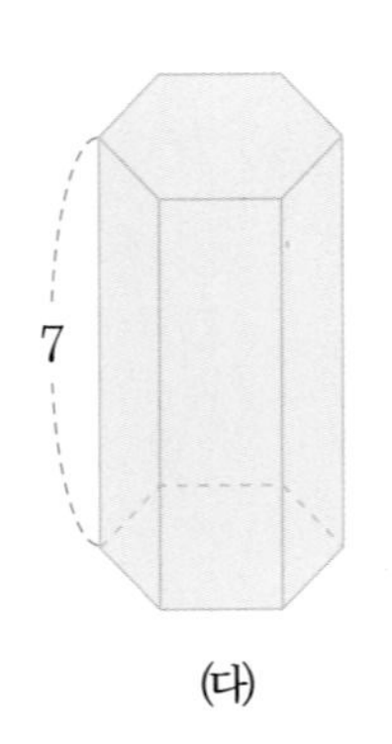

㈐

KeyPoint

(각기둥의 부피)
=(밑면의 넓이)×(높이)입니다.

한 모서리가 10cm인 정육면체로 둘러싸인 원기둥 모양의 물통이 있습니다. 이 물통에 가득 든 물을 밑면의 넓이가 100cm^{2}이고, 높이가 1m인 삼각기둥 모양의 물통에 옮겨 담으려고 합니다. 밑면에서부터 몇 cm까지 물이 차는지 구하시오.

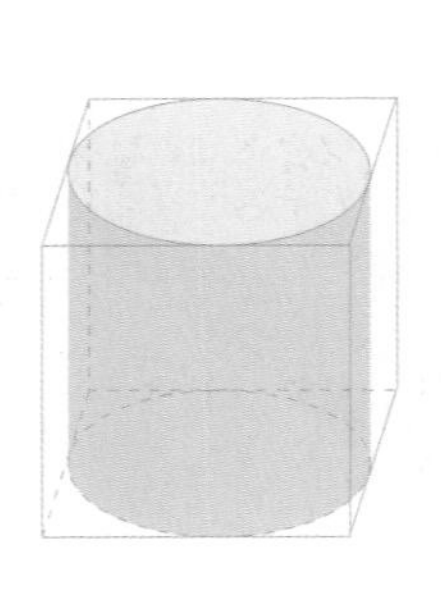

KeyPoint

원기둥의 밑넓이, 높이를 구하여 물의 부피를 계산합니다.

원기둥 모양의 밑면에 손잡이를 달고, 옆면에 페인트를 칠해서 그림과 같이 한 바퀴를 굴렸습니다. 물음에 답하시오.

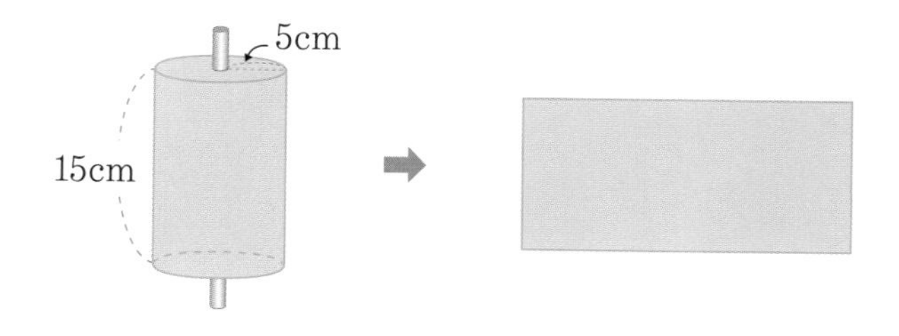

(1) 굴려 만든 모양은 어떤 도형입니까?

(2) 이 도형의 가로의 길이와 세로의 길이를 각각 구하시오.

(3) 이 도형의 넓이를 구하시오.

다음은 부피가 $1cm^3$인 정육면체를 쌓아 만든 입체도형입니다. 바닥면을 포함한 겉넓이를 구하시오.

Key Point
간단한 모양으로 바꾸어 생각합니다.

한 모서리가 1cm인 정육면체 10개를 쌓아 만든 모양입니다. 바닥면을 포함한 겉넓이를 구하시오.

KeyPoint
위, 아래, 앞, 뒤, 오른쪽, 왼쪽에서 본 모양을 그려 그 넓이를 더합니다.

한 모서리가 1cm인 정육면체를 붙여 겉넓이가 $24cm^2$인 큰 정육면체를 만들었습니다. 물음에 답하시오.

(1) 작은 정육면체를 붙여 만든 큰 정육면체의 한 면의 넓이를 구하시오.

KeyPoint
정육면체는 각 면이 서로 합동인 정사각형 6개입니다.

(2) 큰 정육면체의 부피를 구하시오.

KeyPoint
한 면의 넓이를 이용합니다.

그림과 같이 한 모서리가 5cm인 정육면체의 각 면의 중앙에 한 변이 1cm인 정사각형 모양의 구멍을 반대편 면까지 뚫었습니다. 이 도형을 페인트가 담긴 통에 넣었다가 꺼냈습니다. 물음에 답하시오.

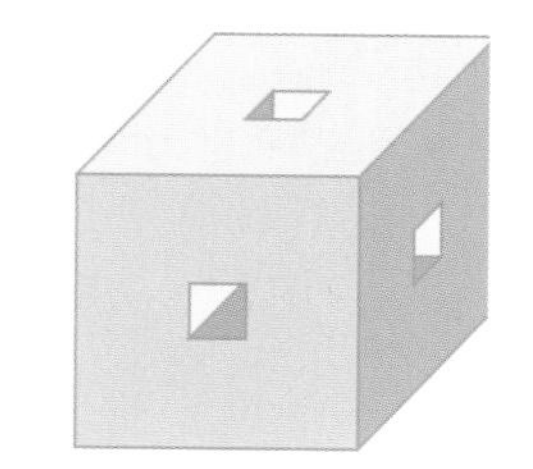

(1) 구멍 뚫린 정육면체의 6면의 넓이의 합을 구하시오.

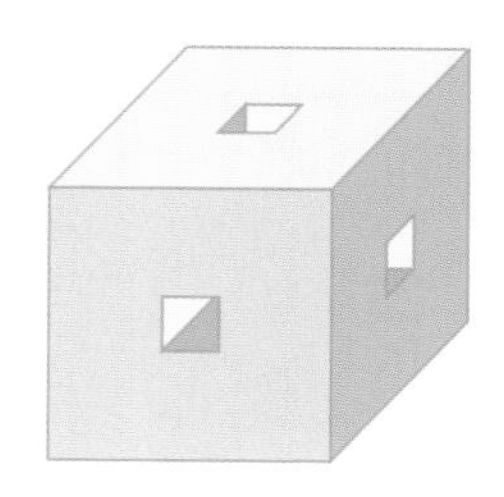

(2) 그림과 같이 뚫린 내부의 모양을 직육면체 6개로 나눌 때, 직육면체 하나의 옆면의 넓이를 구하시오.

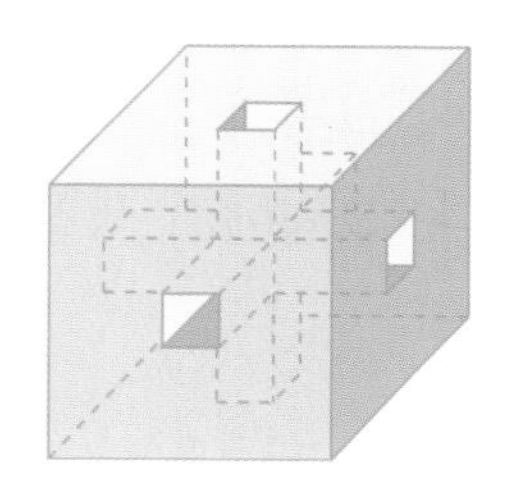

Key Point

정육면체를 통과하는 3개의 긴 구멍을 구멍 3개가 만나는 가운데를 기준으로 6개의 작은 직육면체로 나누어 생각합니다.

(3) 페인트가 칠해진 면은 모두 몇 cm^2인지 구하시오.

Thinking 팩토

반원 3개를 붙여 만든 모양입니다. 작은 반원의 지름이 5cm일 때, 도형의 둘레를 구하시오.

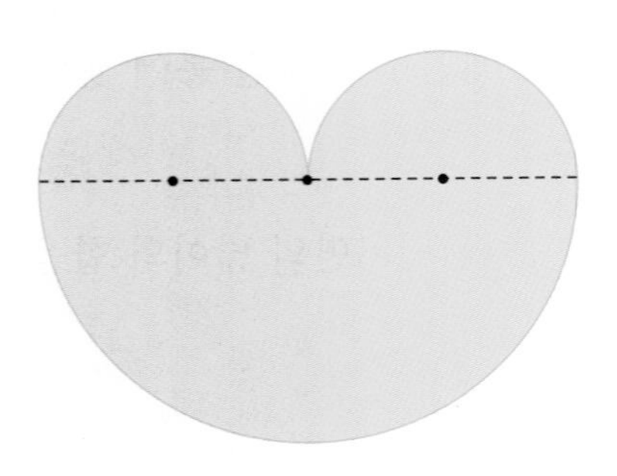

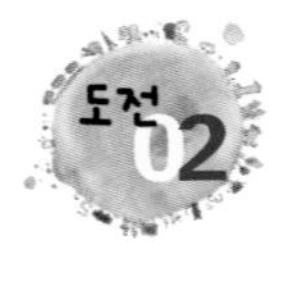

지름이 6cm인 원 안에 그림과 같이 서로 다른 방법으로 작은 원을 그려 모양 ㉠, ㉡, ㉢을 만들었습니다. 그림에서 색칠된 도형의 둘레의 길이를 비교하시오.

㉠

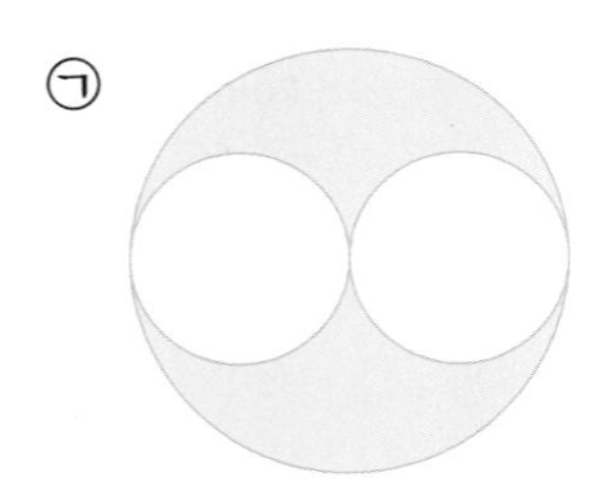

㉡

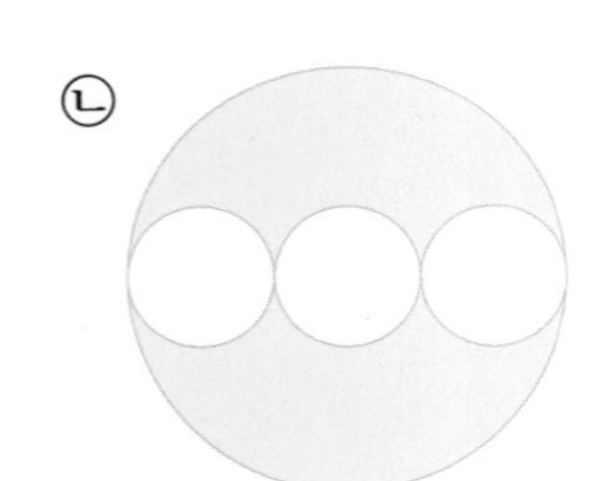

㉢

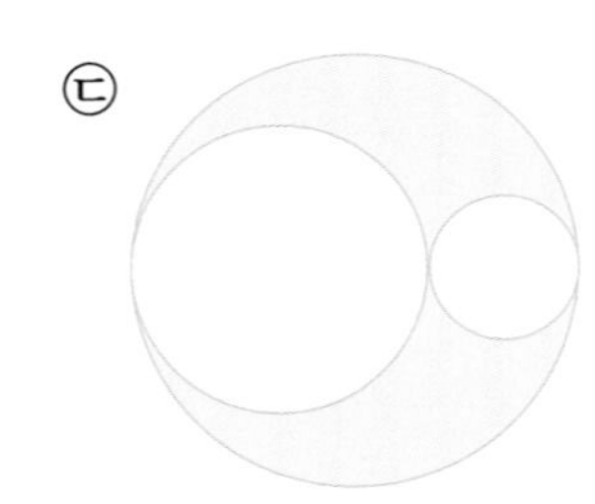

다음은 어떤 규칙에 따라 모양을 그린 것입니다. 물음에 답하시오.

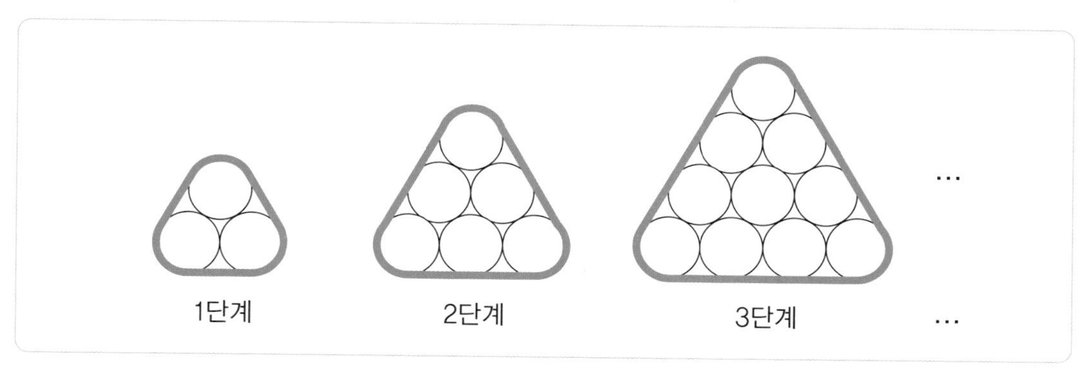

(1) 작은 원의 지름이 1cm일 때, 1단계 모양의 굵게 그려진 도형의 둘레를 구하시오.

(2) 2단계 모양의 굵게 그려진 도형의 둘레를 구하시오.

(3) 3단계의 굵게 그려진 도형의 둘레를 구하고, 단계에 따라 굵게 그려진 도형의 둘레가 어떻게 변하는지 규칙을 찾아 설명하시오.

(4) 둘레의 규칙을 이용해 5단계 도형의 둘레를 구하시오.

한 모서리가 10cm인 정육면체가 있습니다. 이 정육면체에서 그림과 같이 정육면체 2개와 직육면체 1개를 잘라냈습니다. 남은 부분의 겉넓이를 구하시오.

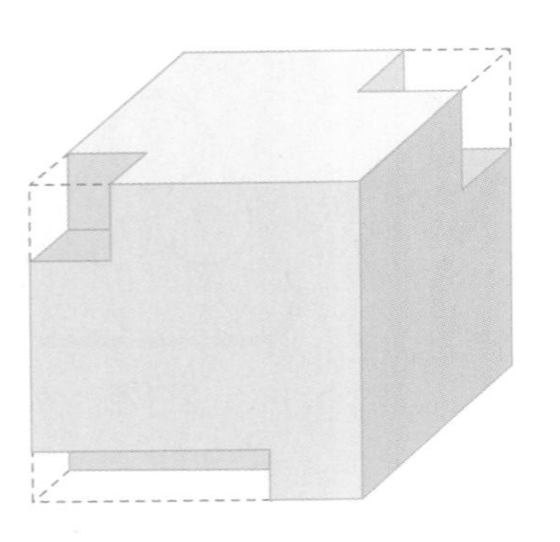

한 모서리가 1cm인 정육면체를 그림과 같이 쌓았습니다. 이 도형의 겉넓이를 구하시오.

모서리의 길이가 10cm인 정육면체의 한 모서리에 그림과 같이 길이가 6cm인 끈을 연필에 묶어 매달았습니다. 연필로 바닥에 그릴 수 있는 가장 큰 도형의 넓이를 구하시오.

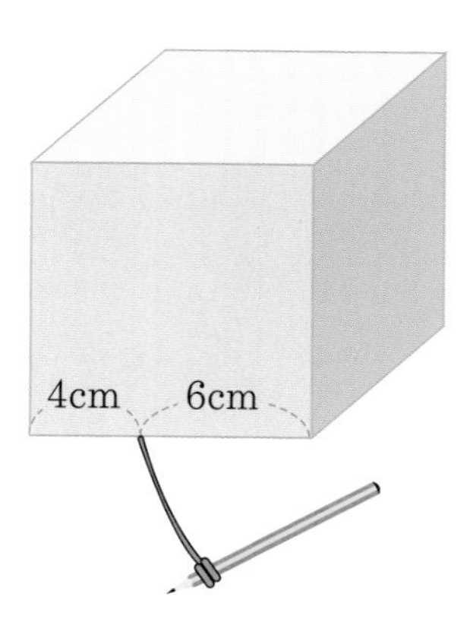

다음은 반지름이 2cm, 4cm, 6cm, 8cm인 원을 일정한 간격으로 그리고, 8등분하여 색칠한 모양입니다. 색칠된 부분의 넓이의 합을 구하시오.

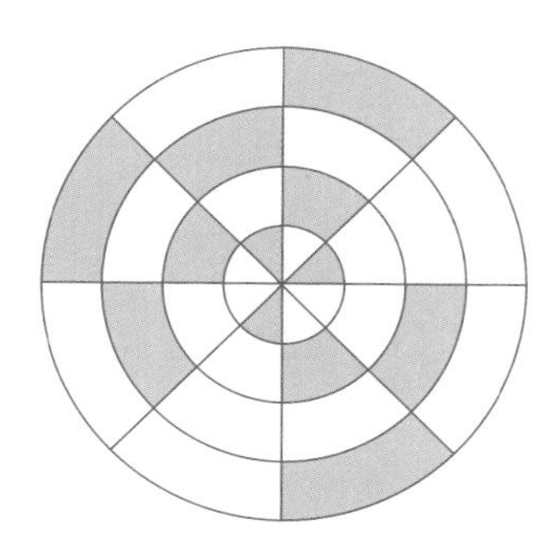

Memo

영재학급, 영재교육원, 경시대회 준비를 위한

창의사고력 초등 수학 팩토

바른 답 바른 풀이

Lv. 6 응용 A

매스티안

영재학급, 영재교육원, 경시대회 준비를 위한

창의사고력 초등 수학 팩토

바른 답 바른 풀이

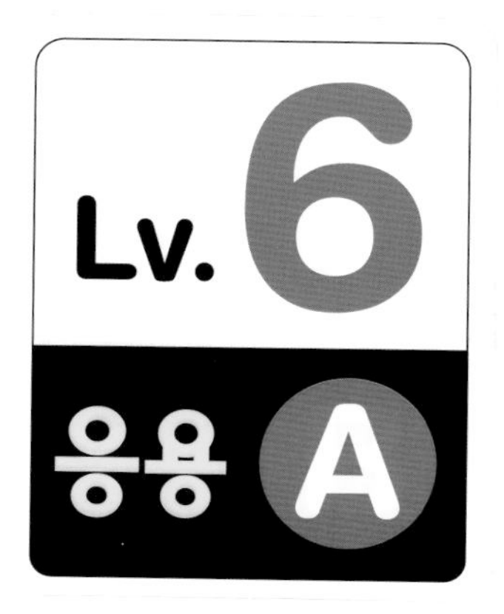

바른 답 · 바른 풀이

I 연산감각

1. 규칙 찾아 계산하기 P.8

Free FACTO

[풀이] 1부터 연속하는 홀수의 합은 연속하는 홀수의 개수를 제곱한 것과 같습니다.
1부터 19까지 홀수는 10개이므로
$1+3+5+7+\cdots+17+19=10\times10=100$입니다.
[답] 100

[풀이] 보기를 보고 규칙을 찾아보면
$1\times1\times1=1 \leftarrow 1\times1$
$1\times1\times1+2\times2\times2=9 \leftarrow (1+2)\times(1+2)=3\times3=9$
$1\times1\times1+2\times2\times2+3\times3\times3=36 \leftarrow (1+2+3)\times(1+2+3)=6\times6=36$
$1\times1\times1+2\times2\times2+3\times3\times3+4\times4\times4=100 \leftarrow (1+2+3+4)\times(1+2+3+4)=10\times10=100$
$1\times1\times1+2\times2\times2+3\times3\times3+4\times4\times4+5\times5\times5=225$
$\leftarrow (1+2+3+4+5)\times(1+2+3+4+5)=15\times15=225$
그러므로
$1\times1\times1+2\times2\times2+\cdots+10\times10\times10=(1+2+\cdots+10)\times(1+2+\cdots+10)=55\times55=3025$입니다.
[답] 3025

[풀이] 3을 여러 번 곱했을 때 일의 자리 숫자가 나온 규칙을 찾아보면
$3=3 \rightarrow 3$
$3\times3=9 \rightarrow 9$
$3\times3\times3=9\times3=27 \rightarrow 7$
$3\times3\times3\times3=27\times3=81 \rightarrow 1$
$3\times3\times3\times3\times3=81\times3=243 \rightarrow 3$
$3\times3\times3\times3\times3\times3=243\times3=729 \rightarrow 9$
⋮
(3, 9, 7, 1)이 반복됩니다. 3을 20번 곱하면 $20\div4=5\cdots0$으로 3, 9, 7, 1이 5번 반복되어 나옵니다. 따라서 3을 20번 곱한 일의 자리 숫자는 1입니다.
[답] 1

2. 연속수의 합으로 나타내기 P.10

Free FACTO

[풀이] 1에서 8까지의 수를 더하면 36이므로 30을 아무리 작은 연속수의 합으로 나타낸다 하더라도 8개가 될 수 없습니다. 따라서 연속수의 개수를 2개에서 7개라 놓고 각각의 경우 연속수의 합으로 나타낼 수 있는지 알아보면 다음과 같습니다.

2개: (불가)

3개: $30=9+10+11$

4개: $30=6+7+8+9$

5개: $30=4+5+6+7+8$

6개: (불가)

7개: (불가)

[답] $30=9+10+11$, $30=6+7+8+9$, $30=4+5+6+7+8$ / 3가지

[풀이] 연속된 네 수는 가운데 두 수의 합과 양끝에 있는 두 수의 합이 같습니다.

$\square+\square+\square+\square=242$ (가운데 두 수의 합: A, 양끝 두 수의 합: A)

가운데 두 수의 합을 A라고 하면 A는 $242\div2=121$입니다. 연속하는 두 수의 합이 121인 수는 60, 61이고, 연속하는 네 수는 59, 60, 61, 62입니다.

[답] 59

[풀이] 1에서 9까지의 수를 더하면 45이므로 42를 아무리 작은 연속수의 합으로 나타낸다 하더라도 9개가 될 수 없습니다. 따라서 연속수의 개수를 2개에서 8개라 놓고 각각의 경우 연속수의 합으로 나타낼 수 있는지 알아보면 다음과 같습니다.

2개: 불가

3개: $42=13+14+15$

4개: $42=9+10+11+12$

5개: 불가

6개: 불가

7개: $42=3+4+5+6+7+8+9$

8개: 불가

[답] $42=13+14+15$

$42=9+10+11+12$

$42=3+4+5+6+7+8+9$

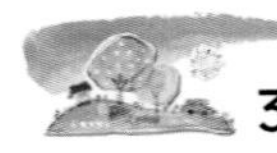

3. 숫자의 합 P.12

Free FACTO

[풀이] 2에서 100까지의 짝수는 일의 자리 숫자가 2, 4, 6, 8, 0으로 끝나는 수입니다. 숫자 2가 일의 자리에 쓰이는 경우는 2, 12, 22, 32, 42, 52, 62, 72, 82, 92로 10개입니다.
4, 6, 8도 마찬가지로 10번씩 쓰이게 됩니다. (숫자의 합을 구하는 것이므로 0은 생각하지 않습니다.)
십의 자리 숫자는 1부터 9까지 모두 쓰이는데 1의 경우는 10, 12, 14, 16, 18로 5개입니다. 마찬가지로 2부터 9도 5번씩 쓰입니다.

- 일의 자리에 쓰일 때: $(2+4+6+8)\times10=200$
- 십의 자리에 쓰일 때: $(1+2+3+4+5+6+7+8+9)\times5=225$
- 백의 자리에 쓰일 때: 1

따라서 $200+225+1=426$입니다.
[답] 426

[풀이] 1에서 25까지의 수를 일의 자리 숫자가 같은 것으로 나누어 보면 (1, 11, 21), (2, 12, 22), (3, 13, 23), (4, 14, 24), (5, 15, 25)로 1부터 5까지의 숫자는 각각 3번씩 쓰입니다. 6부터 9까지는 (6, 16), (7, 17), (8, 18), (9, 19)로 2번씩 쓰입니다. 십의 자리 숫자는 1은 10, 11, 12, 13, 14, 15, 16, 17, 18, 19로 10개가 쓰이고, 2는 20, 21, 22, 23, 24, 25로 6개가 쓰입니다.

- 일의 자리 숫자의 합: $(1+2+3+4+5)\times3=45$
  $(6+7+8+9)\times2=60$
- 십의 자리 숫자의 합: $1\times10+2\times6=22$

따라서 $45+60+22=127$입니다.
[답] 127

[풀이] 일의 자리에서 1의 개수는 11, 21, 31, 41, 51, 61, 71, 81, 91로 9개입니다. 마찬가지로 2부터 9까지도 9번씩 쓰입니다. 십의 자리에서 1의 개수는 10, 11, 12, 13, 14, 15, 16, 17, 18, 19로 10개입니다. 십의 자리 숫자가 2부터 9일 때도 마찬가지로 10개씩 쓰입니다.

- 일의 자리 숫자의 합: $(1+2+3+4+\cdots+9)\times9=405$
- 십의 자리 숫자의 합: $(1+2+3+4+\cdots+9)\times10=450$

따라서 $405+450=855$입니다.
[답] 855

Creative 팩토

P.14

[풀이] $7=7 \rightarrow 7$

$7\times7=49 \rightarrow 9$

$7\times7\times7=343 \rightarrow 3$

$7\times7\times7\times7=2401 \rightarrow 1$

$7\times7\times7\times7\times7=16807 \rightarrow 7$

⋮

곱의 일의 자리 숫자가 7, 9, 3, 1로 반복됩니다.
따라서 $77\div4=19\cdots1$이므로 일의 자리 숫자는 7, 9, 3, 1이 19번 반복되고 난 후 첫째 번 숫자인 7이 됩니다.

[답] 7

[풀이] 3×3은 가운데 수가 3이고, 수의 개수가 3개인 연속하는 수의 합입니다.
5×5는 가운데 수가 5이고, 수의 개수가 5개인 연속하는 수의 합입니다.
7×7은 가운데 수가 7이고, 수의 개수가 7개인 연속하는 수의 합입니다.
그러므로 33×33은 가운데 수가 33이고, 수의 개수가 33개인 연속하는 수의 합으로 나타낼 수 있습니다.

[답] $\underbrace{17+18+\cdots+31+32}_{16개}+33+\underbrace{34+35+\cdots+48+49}_{16개}$

P.15

[풀이] 일의 자리 숫자와 십의 자리 숫자를 생각해 보면,
일의 자리 숫자는 101, 111, 121, ⋯, 181, 191 → 1이 10번 쓰임
102, 112, 122, ⋯, 182, 192 → 2가 10번 쓰임
⋮
109, 119, 129, ⋯, 189, 199 → 9가 10번 쓰임

$\Rightarrow (1+2+\cdots+8+9)\times10=450$

십의 자리 숫자는 110에서 119 → 1이 10번 쓰임
120에서 129 → 2가 10번 쓰임
⋮
190에서 199 → 9가 10번 쓰임

$\Rightarrow (1+2+\cdots+8+9)\times10\times10$(십의 자리 숫자이므로)$=4500$

일의 자리 숫자와 십의 자리 숫자의 합은 $450+4500=4950$이고, 백의 자리 숫자의 합은 일의 자리, 십의 자리에 영향을 주지 않으므로 일의 자리 숫자는 0, 십의 자리 숫자는 5입니다.

[답] 일의 자리 숫자: 0 십의 자리 숫자: 5

[별해] 100에서 199까지의 합을 구합니다.

$$\begin{array}{r} 100+101+102+\cdots+197+198+199 \\ +\,)\ 199+198+197+\cdots+102+101+100 \\ \hline \underbrace{299+299+299+\cdots+299+299+299}_{100개} \end{array}$$

$299\times100\div2=14950$

[풀이] 규칙을 찾아보면 (수의 개수)$\times${(수의 개수)$+1$}로 간단하게 합을 구했습니다.
$2+4+6+\cdots+100$은 2부터 100까지의 짝수를 더한 것입니다. 2부터 100까지의 짝수는 모두 50개입니다.
그러므로 $50\times(50+1)=50\times51=2550$입니다.
[답] 50, 51, 2550

[풀이] 8개의 연속수의 합으로 나타내야 합니다.

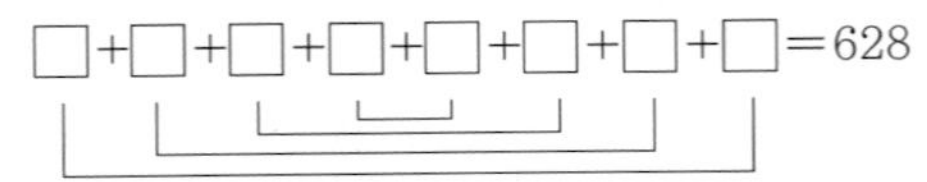

$\square+\square+\square+\square+\square+\square+\square+\square=628$

수의 개수가 짝수 개이므로 (가운데 두 수의 합)$\times$(수의 개수)$\div2=628$입니다.
가운데 두 수의 합을 A라고 하면 $A\times8\div2=628$, $A=157$입니다.
가운데 두 수는 78, 79이고, 각각의 쪽수는 75, 76, 77, 78, 79, 80, 81, 82가 됩니다.
따라서 75쪽부터 읽었습니다.
[답] 75쪽

[풀이] [ ] 안의 각 자리 숫자 중 짝수만 더해야 하므로 10부터 99까지의 수 중 2, 4, 6, 8이 몇 번 쓰였는지 알아봅니다. 일의 자리 숫자와 십의 자리 숫자가 짝수인 경우로 나누어서 생각해 보면

- 일의 자리 숫자가 짝수인 경우:
  12, 22, 32, 42, 52, 62, 72, 82, 92 → 2가 9번 쓰임
  14, 24, 34, 44, 54, 64, 74, 84, 94 → 4가 9번 쓰임
  16, 26, 36, 46, 56, 66, 76, 86, 96 → 6이 9번 쓰임
  18, 28, 38, 48, 58, 68, 78, 88, 98 → 8이 9번 쓰임
  $\Rightarrow(2+4+6+8)\times9=180$
- 십의 자리 숫자가 짝수인 경우:
  20, 21, 22, 23, 24, 25, 26, 27, 28, 29 → 2가 10번 쓰임
  40, 41, 42, 43, 44, 45, 46, 47, 48, 49 → 4가 10번 쓰임
  60, 61, 62, 63, 64, 65, 66, 67, 68, 69 → 6이 10번 쓰임
  80, 81, 82, 83, 84, 85, 86, 87, 88, 89 → 8이 10번 쓰임
  $\Rightarrow(2+4+6+8)\times10=200$

$180+200=380$
[답] 380

[풀이] 세 수를 예상해서 계산해 봅니다.
$10\times10\times10=1000$입니다. 연속하는 세 수의 곱이 504이므로 세 수를 10보다 작은 수로 예상합니다.
$8\times9\times10=720$(×)
$7\times8\times9=504$(○) → 가장 큰 수는 9입니다.
[답] 9

[별해] $504=2\times2\times2\times3\times3\times7$입니다. 연속하는 세 수의 곱으로 나타내야 하므로 $\underbrace{2\times2\times2}_{8}\times\underbrace{3\times3}_{9}\times7=7\times8\times9$입니다.

그러므로 가장 큰 수는 9입니다.

8 [풀이] $\square+\square+\square+\square=250$ (가운데 두 수의 합: A)

가운데 두 수의 합을 A라 하면 $A\times4\div2=250$입니다.

$A=125$이므로 가운데 두 수가 62, 63으로 연속하는 네 수는 61, 62, 63, 64입니다.

[답] $61+62+63+64=250$

[별해] 연속하는 네 수 중 가장 작은 수가 1 증가하면 합은 4만큼 증가합니다. $1+2+3+4=10$이므로 구하려는 네 수의 합 250은 10부터 4씩 몇 번 커져야 나오는지 알아봅니다.

$(250-10)\div4=60$이므로 합이 10부터 4씩 60번 증가하면 됩니다.

즉,

①+ 2 + 3 + 4 =⑩

⋮

61+62+63+64=250

(1씩 60번 증가, 4씩 60번 증가)

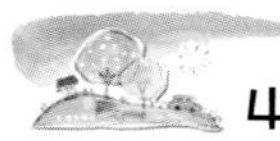

4. 계산 결과의 최대, 최소 P.18

Free FACTO

[풀이] 계산 결과가 가장 크게 하려면 곱해지는 수가 가장 커지도록 수를 써넣습니다.

① $\square+(\boxed{8}-\boxed{1})\times\boxed{9}-\square$ ⇒ 곱한 값 63(×)

② $\square+(\boxed{9}-\boxed{1})\times\boxed{8}-\square$ ⇒ 곱한 값 64(○)

다음으로 더해지는 수는 크게, 빼지는 수는 작게 만듭니다.

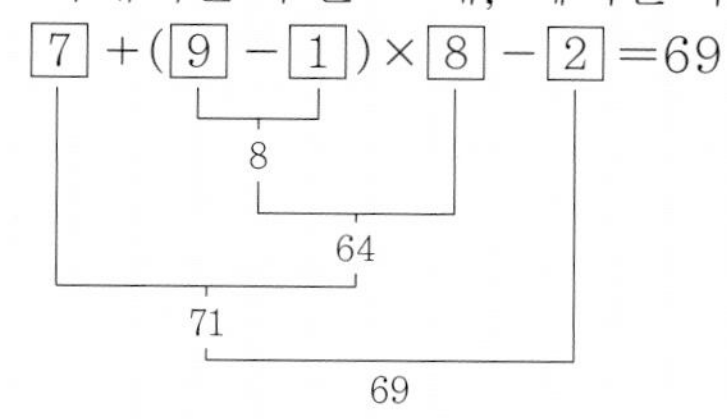

$\boxed{7}+(\boxed{9}-\boxed{1})\times\boxed{8}-\boxed{2}=69$

(8, 64, 71, 69)

[답] 69

[풀이] 더하는 수는 크게, 빼는 수는 작게 만듭니다. 더하는 수가 커지려면 높은 자리에 큰 숫자를 넣어야 합니다. 그러므로 백의 자리 숫자에는 9와 8, 십의 자리 숫자에는 7과 6, 일의 자리 숫자에는 5와 4를 넣어 다음과 같이 만듭니다.

$\boxed{9}\boxed{7}\boxed{5}+\boxed{8}\boxed{6}\boxed{4}$

빼는 수는 가장 작게 만들어야 하므로 1부터 9까지의 숫자 중 남은 1, 2, 3으로 $\boxed{1}\boxed{2}\boxed{3}$을 만들어 식을 완성합니다.

$\boxed{9}\boxed{7}\boxed{5}+\boxed{8}\boxed{6}\boxed{4}-\boxed{1}\boxed{2}\boxed{3}=1716$

백의 자리 숫자끼리, 십의 자리 숫자끼리,
일의 자리 숫자끼리 숫자를 바꿔 써도 상관없습니다.

[답] 1716

[풀이] +와 ×만 넣어 작은 값을 만들려면 +를 사용해야 합니다. 그런데 1은 어떤 수를 곱하면 그 수가 나오기 때문에 더했을 때보다 곱했을 때 더 작은 수가 나옵니다.

(1+2)>(1×2)

그러므로 1과 2 사이에는 ×를 넣고, 나머지에는 +를 넣어 작은 값을 만들 수 있습니다.

1 ⊗ 2 ⊕ 3 ⊕ 4 ⊕ 5 ⊕ 6 ⊕ 7 ⊕ 8 ⊕ 9=44

[답] 44

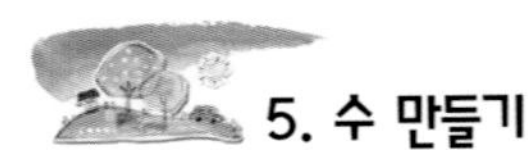

5. 수 만들기 P.20

Free FACTO

[풀이] 모두 +를 넣었을 때 123 ⊕ 4 ⊕ 5 ⊕ 67 ⊕ 89=288입니다.
빼야 할 수를 더하여 100보다 188 큰 값이 나왔으므로 188의 반인 94만큼의 수의 부호를 +에서 −로 바꿉니다. 5와 89의 합이 94이므로 5와 89 앞의 부호를 −로 바꿉니다.

[답] 123 ⊕ 4 ⊖ 5 ⊕ 67 ⊖ 89=100

[풀이] 덧셈만 이용해야 하기 때문에 세 자리 수는 만들 수 없습니다. 두 자리 수를 만들어야 하므로 99에 가까운 89부터 만들어 계산해 봅니다.

1+2+3+4+5+6+7+89=117 (×)

1+2+3+4+5+6+78+9=108 (×)

1+2+3+4+5+67+8+9=99 (○)

[답] 1+2+3+4+5+67+8+9=99, 1+23+45+6+7+8+9=99

[풀이] 4를 붙여 만들 수 있는 수 중에서 500에 가장 가까운 수는 444입니다.

500−444=56이므로 남은 숫자로 56을 만들어야 합니다.

44+4+4+4=56입니다.

그러므로 444+44+4+4+4=500입니다.

[답] 444+44+4+4+4=500

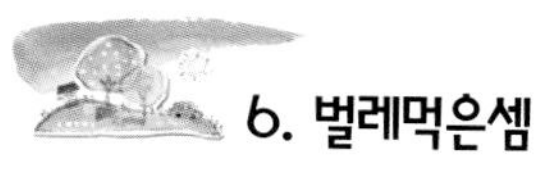

6. 벌레먹은셈

P.22

Free FACTO

[풀이]

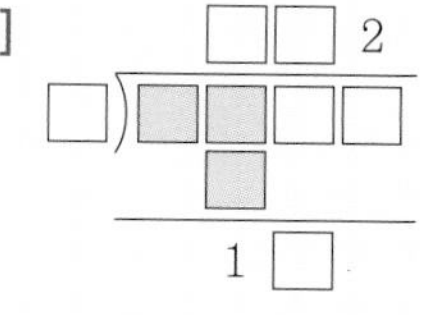

➡ 색칠된 부분에서 두 자리 수에서 한 자리 수를 빼어 1이 나오는 수는 10−9입니다.

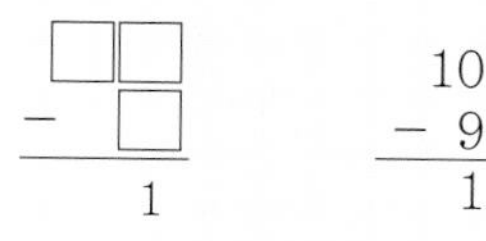

```
      A B 2
C ) 1 0 D E
    9
    1 F
    G H
        I J
        K L
          0
```

➡ A×C=9이므로 A와 C가 될 수 있는 숫자는 3×3=9, 9×1=9인데 C×2=KL 두 자리 수가 나와야 하므로 C=9, A=1입니다. C=9이면 IJ=18, KL=18이고, E=8로 채울 수 있습니다.
9×B=GH에서 십의 자리 숫자가 1인 두 자리 수이므로 B=2, G=1, H=8입니다.
H가 8이므로 F=9, D=9입니다.

[답]

```
      1 2 2
9 ) 1 0 9 8
    9
    1 9
    1 8
      1 8
      1 8
        0
```

예제 01

[풀이]

```
    A 3
B ) 9 C
    D
    2 E
    F G
      3
```

색칠된 부분에서 D는 7입니다.
A×B=7이므로 1×7=7인데,
B×3=FG이므로 B=7, A=1입니다.
B×3=FG에서 F=2, G=1이고
E=4, C=4입니다.

[답]

```
    1 3
7 ) 9 4
    7
    2 4
    2 1
      3
```

[풀이]

$$\begin{array}{r} 5\ \boxed{A}\ 3 \\ \times\quad 6\ \boxed{B} \\ \hline 3\ \boxed{\ }\ \boxed{\ }\ 1 \\ 3\ \boxed{C}\ 3\ 8\quad \\ \hline 3\ \boxed{\ }\ \boxed{\ }\ \boxed{\ }\ 1 \end{array}$$

색칠된 부분에서 3×B=□1이므로 B=7입니다.
5A3×6=3C38이므로 6×A의 일의 자리 숫자가 2입니다.
따라서 A=2 또는 A=7입니다.

A=2일 때

$$\begin{array}{r} 5\ \boxed{2}\ 3 \\ \times\quad 6\ \boxed{7} \\ \hline 3\ \boxed{6}\ \boxed{6}\ 1 \\ 3\ \boxed{1}\ 3\ 8\quad \\ \hline 3\ \boxed{5}\ \boxed{0}\ \boxed{4}\ 1 \end{array}$$

A=7일 때

$$\begin{array}{r} 5\ \boxed{7}\ 3 \\ \times\quad 6\ \boxed{7} \\ \hline 4\ \boxed{0}\ \boxed{1}\ 1 \end{array}$$

가능하지 않습니다.

[답]

$$\begin{array}{r} 5\ \boxed{2}\ 3 \\ \times\quad 6\ \boxed{7} \\ \hline 3\ \boxed{6}\ \boxed{6}\ 1 \\ 3\ \boxed{1}\ 3\ 8\quad \\ \hline 3\ \boxed{5}\ \boxed{0}\ \boxed{4}\ 1 \end{array}$$

Creative 팩토

[풀이] 계산 결과가 가장 크려면 곱해지는 수는 커야 하고, 빼는 수는 가장 작아야 합니다.

8 ⊗ 7 ⊕ 6 ⊖ 5=57

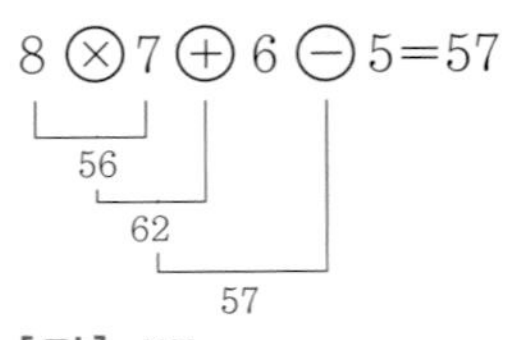

[답] 57

[풀이]

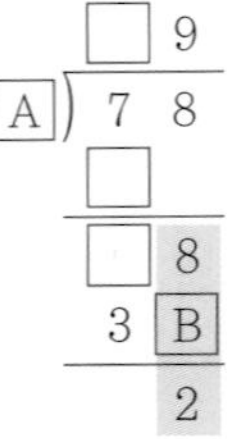

$$\begin{array}{r} \boxed{\ }\ 9 \\ \boxed{A}\,\overline{)\ 7\ 8} \\ \boxed{\ }\quad \\ \hline \boxed{\ }\ 8 \\ 3\ \boxed{B} \\ \hline 2 \end{array}$$

색칠된 부분을 보면 B=6입니다.
A×9=36이므로 나누는 수 A=4입니다.
A=4를 넣어 빈칸을 채웁니다.

[답]

$$\begin{array}{r} \boxed{1}\ 9 \\ \boxed{4}\,\overline{)\ 7\ 8} \\ \boxed{4}\quad \\ \hline \boxed{3}\ 8 \\ 3\ \boxed{6} \\ \hline 2 \end{array}$$

P.25

[풀이] 나누는 몫이 커지려면 나누어지는 수는 크고 나누는 수는 작아야 합니다.
98÷2=49 ← 9가 중복되므로 안됩니다.
97÷□ ← 중복되지 않고 나누어떨어지게 하는 수가 없습니다.
96÷2=48
[답] 48

[풀이] □ 안에 모두 같은 수가 들어가므로 □−□=0이고, □÷□=1입니다.
(□+□)+0+(□×□)+1=64이므로 (□+□)+(□×□)=63입니다.
(□+□)는 항상 짝수이므로 (□×□)는 홀수입니다.
□×□가 홀수인 경우는
1×1=1, 3×3=9, 5×5=25, 7×7=49, 9×9=81이고,
이 중에서 식이 성립하는 수를 찾으면 7입니다.
[답] 7

P.26

[풀이] 4㉠(7㉡2)㉢24㉣8=33에서 ㉠과 ㉡에 ÷를 넣을 수 없습니다. ㉢ 또는 ㉣에 ÷를 넣어 가능한 경우는 24÷8=3입니다. 4㉠(7㉡2)이 30이 되거나 36이 되도록 만들면 됩니다.
[답] 4⊗(7⊕2)⊖24⨸8=33

[풀이] 가장 클 때:

$$\begin{array}{r} 41 \\ \times\ 32 \\ \hline 82 \\ 123\ \ \\ \hline 1312 \end{array}$$

십의 자리에 큰 수 4와 3을 넣고, 가장 큰 수 4에 2와 1 중에서 큰 수 2가 곱해지도록 만듭니다.

둘째 번으로 클 때:

$$\begin{array}{r} 42 \\ \times\ 31 \\ \hline 42 \\ 126\ \ \\ \hline 1302 \end{array}$$

십의 자리에 큰 수 4와 3을 넣고, 가장 큰 수 4에 2와 1중에서 작은 수 1이 곱해지도록 만듭니다.

셋째 번으로 클 때:

$$\begin{array}{r} 41 \\ \times\ 23 \\ \hline 123 \\ 82\ \ \\ \hline 943 \end{array}$$

십의 자리에 가장 큰 수 4와 셋째 번으로 큰 수 2를 넣고, 3과 1 중에서 큰 수 3이 4와 곱해지도록 만듭니다.

[답] 가장 큰 값: 1312
둘째 번으로 큰 값: 1302
셋째 번으로 큰 값: 943

P.27

[풀이] ○ 안에 모두 +를 넣으면 $9+8+76+5+43+21=162$이므로 $162-50=112$를 더 빼야 합니다.

+를 −로 바꾸면 +일 때보다 ○ 뒤의 수의 2배만큼 작아지게 됩니다. $112\div2=56$이므로 ○ 뒤의 수들의 합이 56이 되는 수들을 찾아 +를 −로 바꾸면 됩니다.

$8+5+43=56$이므로 8, 5, 43 앞에 −를 써넣으면 됩니다.

[답] 9⊖8⊕76⊖5⊖43⊕21=50

[풀이]

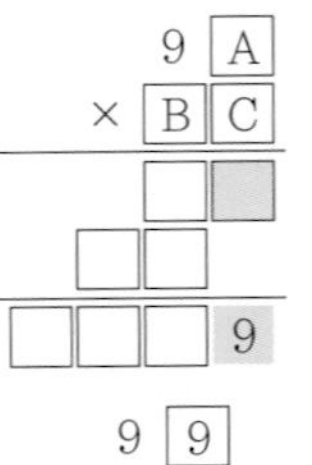

9□×□=□□가 되는 경우는 9□×1일 때뿐입니다.

그러므로 B=1, C=1입니다.

색칠된 부분은 같은 숫자가 되어야 하므로 D=9이고, A=9입니다.

그러면 99×11이 되어 빈칸을 채울 수 있습니다.

[답]

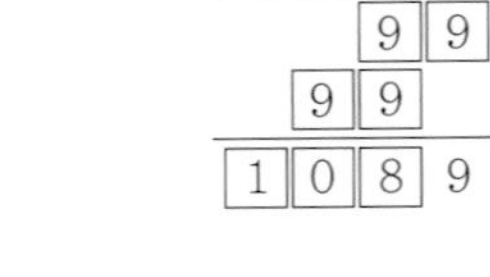

Thinking 팩토

P.28

[풀이] 규칙을 보면 계산 결과에서 1의 개수는 마지막에 더해지는 9의 개수보다 1개가 적고 항상 0이 뒤에 옵니다. 또, 합의 각 자리 숫자의 합은 항상 9가 됨을 알 수 있습니다. 따라서 마지막에 더해지는 9는 8개이므로 계산 결과에 1은 7개이고, $7+2=9$이므로 마지막 숫자는 2입니다.

[답] 111111102

[풀이] ① 1×90 ← 가능하지 않습니다.

② 2×45: 수의 개수가 4개, 가운데 두 수의 합이 45

$90=21+22+23+24$

③ 3×30: 수의 개수가 3개, 가운데 수가 30

$90=29+30+31$

④ 5×18: 수의 개수가 5개, 가운데 수가 18

$90=16+17+18+19+20$

⑤ 6×15: 수의 개수가 12개, 가운데 두 수의 합이 15

$90=2+3+4+5+6+7+8+9+10+11+12+13$

⑥ 9×10: 수의 개수가 9개, 가운데 수가 10

$90=6+7+8+9+10+11+12+13+14$

[답] $29+30+31=90$, $21+22+23+24=90$

$16+17+18+19+20=90$

$6+7+8+9+10+11+12+13+14=90$

$2+3+4+5+6+7+8+9+10+11+12+13=90$

P.29

[풀이] 200에 가장 가깝게 만들어 보면 111+111=222입니다. 222에서 22를 빼면 200이 되므로 식을 완성할 수 있습니다.

[답] 111+111−11−11=200 또는 111−11−11+111=200 또는 111−11+111−11=200

[풀이] 일의 자리 숫자를 모두 더하면 3×10=30

십의 자리 숫자를 모두 더하면 3×9+3=30 (↙ 받아올림)

백의 자리 숫자를 모두 더하면 3×8+3=27 (↙ 받아올림)

천의 자리 숫자를 모두 더하면 3×7+2=23 (↙ 받아올림)

따라서 합의 천의 자리 숫자는 3입니다.

[답] 3

P.30

[풀이] 가장 큰 수에서 작은 수를 빼야 계산 결과가 가장 큽니다. 가장 큰 수는 97입니다.
□□÷[A]에서 A에 남은 카드 2, 3, 5를 넣어 보면 23÷5, 32÷5, 35÷2, 53÷2, 25÷3, 52÷3 모두 나누어떨어지지 않습니다.

둘째로 큰 수 95를 넣으면 [9][5]−□□÷[B]에서 B가 될 수 있는 수를 찾아보면 27÷3=9로 B=3이 될 수 있습니다.

95−27÷3=86 (27÷3 → 9, 95−9 → 86)

같은 방법으로 93일 때와 92일 때를 계산해 보면 92−35÷7=87로 가장 큰 값이 나옵니다.

[답] 87

[풀이] 일의 자리 숫자: 1, 11, 21, ⋯, 91
2, 12, 22, ⋯, 92
3, 13, 23, ⋯, 93
⋮
9, 19, 29, ⋯, 99

일의 자리에 1부터 9가 각각 10개씩 있습니다. 0은 숫자의 합에 영향을 주지 않으므로 생각하지 않습니다.

⇒ (1+2+3+⋯+9)×10=450

십의 자리 숫자: 10, 11, 12, ⋯, 19
20, 21, 22, ⋯, 29
30, 31, 32, ⋯, 39
⋮
90, 91, 92, ⋯, 99

십의 자리에 1부터 9가 각각 10개씩 있습니다.

⇒ (1+2+3+⋯+9)×10=450

100의 숫자의 합: 1+0+0=1

따라서 모든 숫자의 합은 450+450+1=901

[답] 901

[풀이] (1) 나머지가 7이므로 나누는 수는 7보다 커야 합니다. 따라서 8, 9입니다.

(2) ㉠=8

$$\begin{array}{r} 5\,\boxed{4} \\ ㉠\,\overline{)\,4\,\boxed{3}\,\boxed{9}} \\ \underline{\boxed{4}\,\boxed{0}} \\ \boxed{3}\,\boxed{9} \\ \underline{3\,\boxed{2}} \\ 7 \end{array}$$

(3) ㉡=9

$$\begin{array}{r} 5\,\boxed{4} \\ ㉡\,\overline{)\,4\,\boxed{9}\,\boxed{3}} \\ \underline{\boxed{4}\,\boxed{5}} \\ \boxed{4}\,\boxed{3} \\ \underline{3\,\boxed{6}} \\ 7 \end{array}$$

[답] (1) 8, 9

(2)

$$\begin{array}{r} 5\,\boxed{4} \\ \boxed{8}\,\overline{)\,4\,\boxed{3}\,\boxed{9}} \\ \underline{\boxed{4}\,\boxed{0}} \\ \boxed{3}\,\boxed{9} \\ \underline{3\,\boxed{2}} \\ 7 \end{array}$$

(3)

$$\begin{array}{r} 5\,\boxed{4} \\ \boxed{9}\,\overline{)\,4\,\boxed{9}\,\boxed{3}} \\ \underline{\boxed{4}\,\boxed{5}} \\ \boxed{4}\,\boxed{3} \\ \underline{3\,\boxed{6}} \\ 7 \end{array}$$

Ⅱ 퍼즐과 게임

1. 지뢰찾기 P.34

Free FACTO

[답]

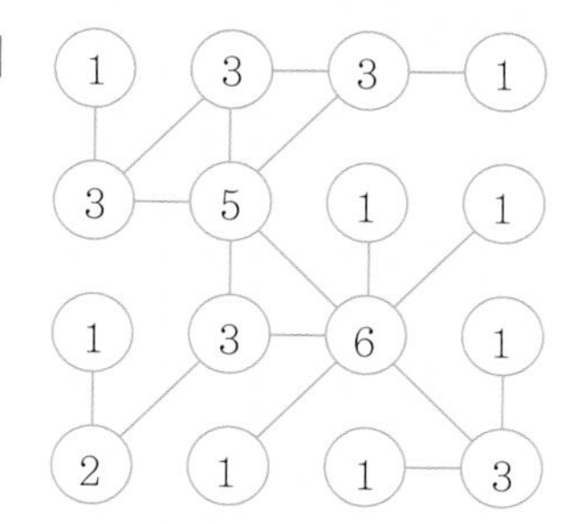

[풀이] 0의 주변에는 선분을 그을 수 없고, 선분은 모두 연결되어 있어야 하므로 왼쪽 위의 모서리에 있는 2 주변에는 ⌐2 또는 2⌟와 같이 선분을 이어야 합니다.

[답]

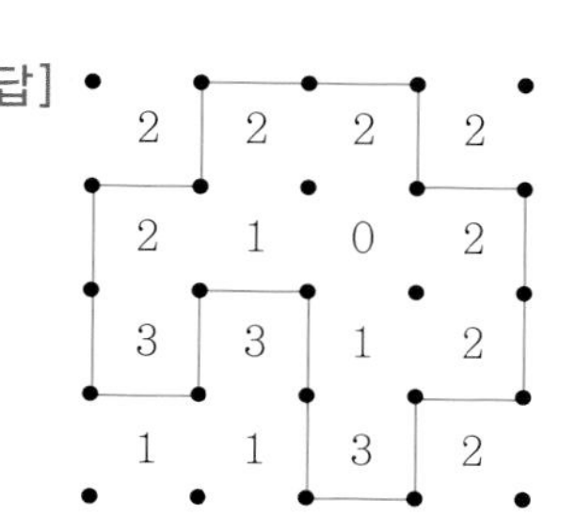

2. 여러 가지 마방진의 활용 P.36

Free FACTO

[풀이] ① 가장 클 때:

(1+2+⋯+11+12)+(9+10+11+12)=120=(네 수의 합)×4

→ (네 수의 합)=120÷4=30

네 모서리에 9, 10, 11, 12를 넣고 한 변의 네 수의 합이 30이 되도록 ○ 안에 나머지 수를 넣습니다. 이외에도 여러 가지가 있습니다.

② 가장 작을 때:

(1+2+⋯+11+12)+(1+2+3+4)=88=(네 수의 합)×4

→ (네 수의 합)=88÷4=22

네 모서리에 1, 2, 3, 4를 넣고 한 변의 네 수의 합이 22가 되도록 ○ 안에 나머지 수를 넣습니다. 이외에도 여러 가지가 있습니다.

[답]

9	4	7	10
8			6
1	가장 클 때		3
12	5	2	11

1	11	8	2
12			10
5	가장 작을 때		7
4	9	6	3

[풀이] 합이 커야 하므로 꼭짓점에 들어갈 수가 커야 합니다.
(1+2+⋯+10)+(10+9+⋯+6)
=55+40=95
세 수의 합은 95÷5=19
5개의 꼭짓점에 각각 10, 9, 8, 7, 6을 넣은 후 한 변의 합이 19가 되도록 ◯ 안에 수를 넣으면 오른쪽과 같습니다.

[답]

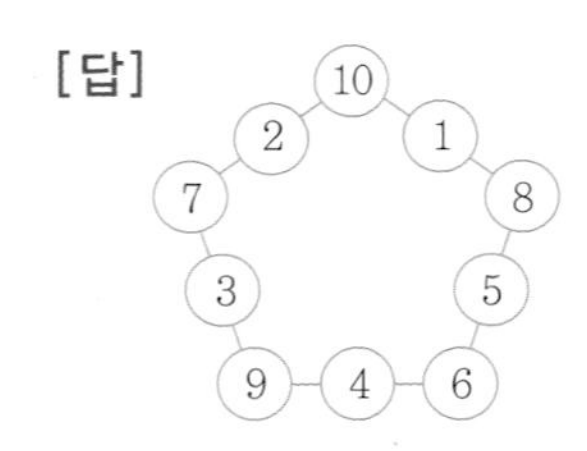

3. 샘 로이드 퍼즐 P.38

Free FACTO

[답]

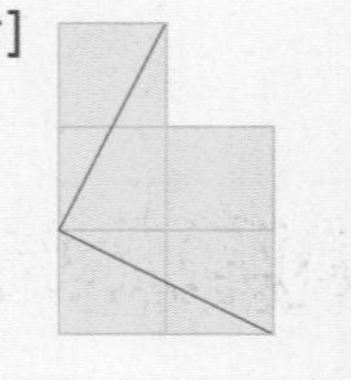

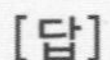

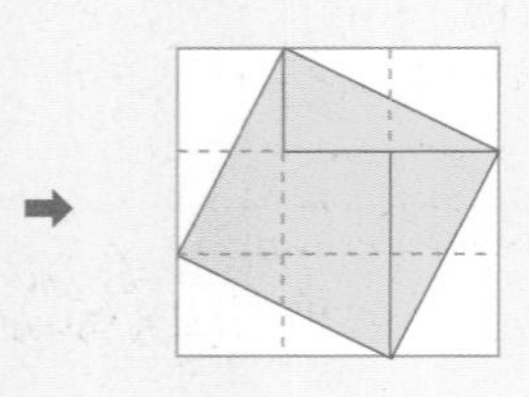

[풀이] 작은 정사각형의 한 변의 길이를 갖는 직각삼각형을 잘라내어 옮겨 봅니다.

[답] 풀이 참조

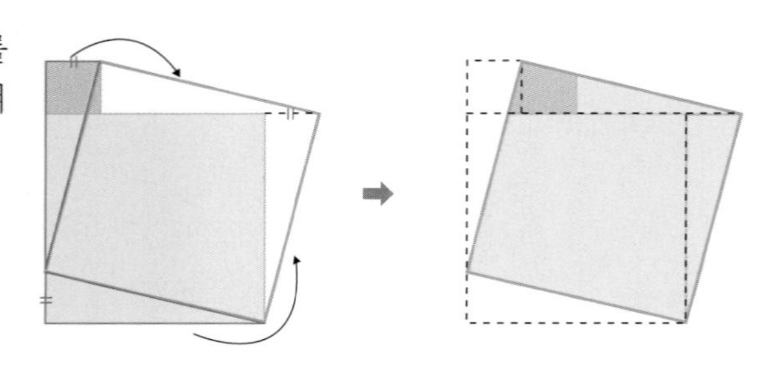

Creative 팩토 P.40

[풀이] 3과 1의 경우를 먼저 생각합니다.

[답]

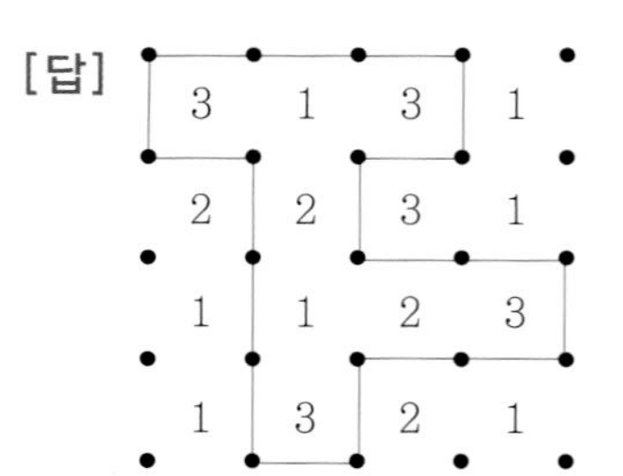

[풀이] 가운데 두 수는 정사각형 모양의 네 수의 합에 2번 들어가므로 가운데 두 수의 합을 □라 하면 (1+2+⋯+6)+□=13×2, □=5이고, 가운데 두 수로 가능한 경우는 (1, 4), (2, 3)입니다.
이때 정사각형 모양의 네 수의 합이 13이 될 수 있는 경우는 왼쪽과 오른쪽에 있는 두 칸의 합이 8이 되도록 만드는 경우입니다.
[답] 풀이 참조

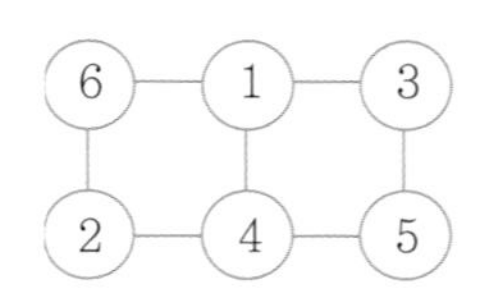

P.41

[풀이] 각 꼭짓점 위의 수를 a, b, c, d라 하고 한 변의 세 수의 합을 □라 하면

$4\times\square=(1+2+\cdots+7+8)+(a+b+c+d)$가 됩니다.

$a+b+c+d=10,\ \square=\frac{23}{2}$

$a+b+c+d=11,\ \square=\frac{47}{4}$

$a+b+c+d=12,\ \square=12$

⋮

$a+b+c+d=12,\ 16,\ 20,\ 24$일 때, $\square=12,\ 13,\ 14,\ 15$이므로 4가지입니다.

[답] 4가지

[답]

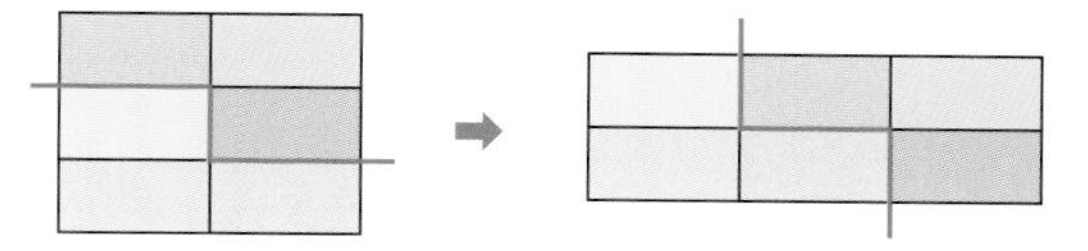

P.42

[답] (1)

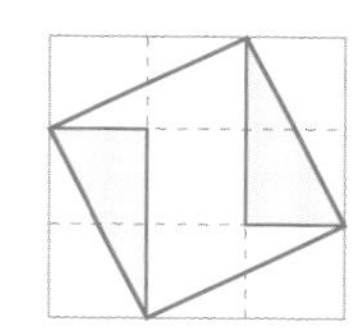

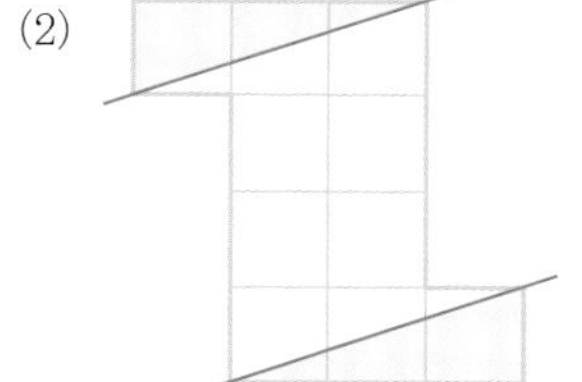

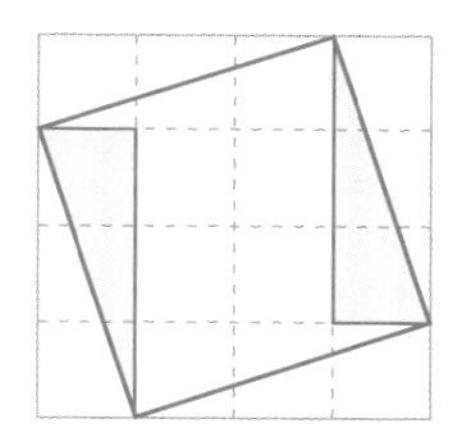

P.43

[풀이] (1) 윗면과 아랫면의 합이 같아야 하고, 윗면과 아랫면에는 1부터 8까지의 수가 모두 들어가야 하므로 한 면에 있는 네 수의 합은 $(1+2+3+\cdots+8)\div2=18$입니다.

(2) 가장 큰 수인 8은 7과는 만나지 않고, 가장 작은 수인 1과 같은 면에 놓이도록 합니다.

(3) 각 면에 있는 네 수의 합이 18이 되도록 2, 4, 6을 채웁니다.

[답] (1) 18 (2)

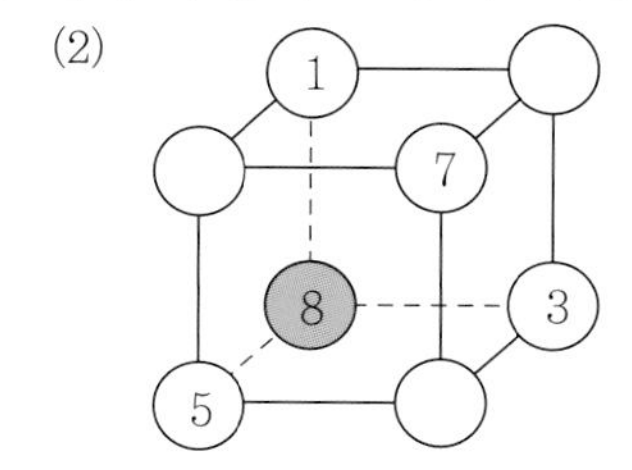

(3)

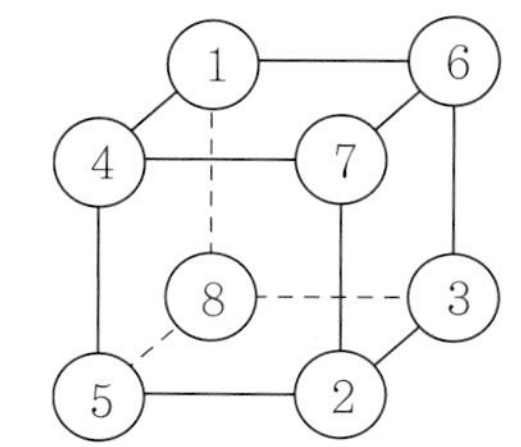

해답

4. 게임 전략 ········· P.44

Free FACTO

[풀이] 이 게임에서 항상 이기기 위해서는 양쪽의 점의 개수가 같게 한 선분을 먼저 그으면 됩니다. 그 다음부터는 상대방이 그은 선분과 대칭이 되도록 반대쪽에 긋습니다. 결국 상대가 선분을 그릴 수 있으면 나도 그릴 수가 있는 것이므로 게임에서 항상 이길 수 있게 됩니다.

예제 01

[풀이] 아영이가 한 장 또는 두 장을 떼는 경우 미경이는 아영이가 떼어낸 수만큼 대칭으로 떼어내면 이길 수 있습니다. 따라서 미경이가 유리합니다.

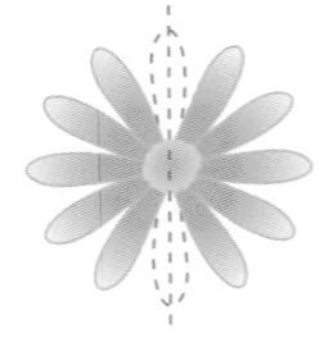
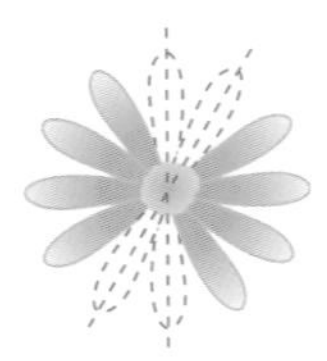

5. 성냥개비 퍼즐 ········· P.46

Free FACTO

[풀이]

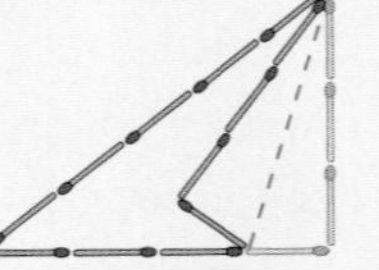
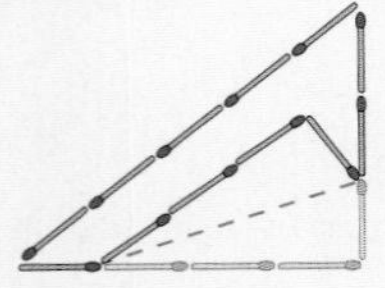
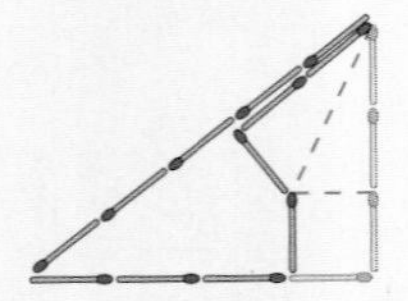
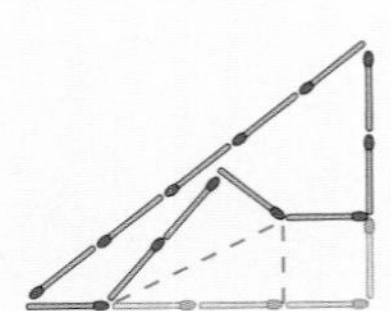

이외에도 여러 가지 방법이 있습니다.

예제 01

[풀이] 직각삼각형의 넓이는 $3\times4\div2=6$이므로, 넓이 4인 도형으로 바꾸기 위해서는 넓이를 2만큼 줄여야 합니다. 넓이를 2만큼 줄이는 방법은 여러 가지입니다.

[답]

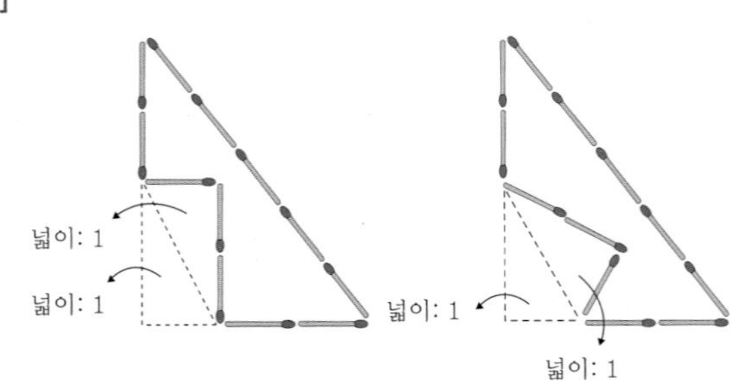

예제 02

[풀이] 넓이가 6인 직사각형을 넓이가 3인 모양으로 바꾸기 위해서는 넓이를 3만큼 줄여야 합니다. 밑변이 3이고 높이가 1인 직각삼각형의 넓이는 1.5이므로, 이 직각삼각형 2개를 잘라낸 모양을 생각하면 됩니다.

[답]

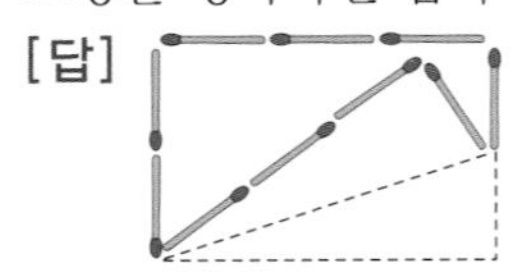

(3) 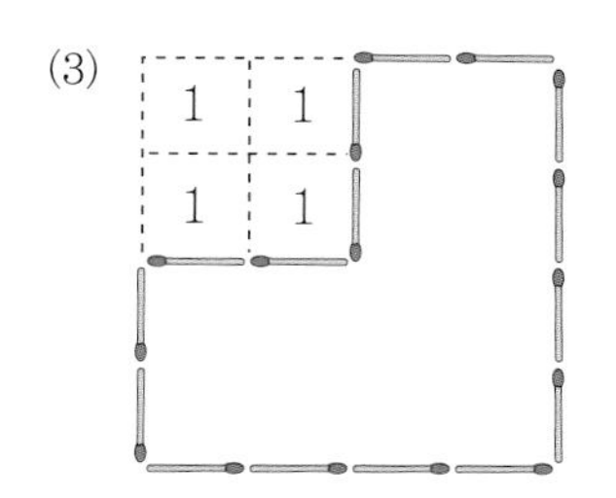

넓이 4가 줄어들어야 하므로 넓이 1인 사각형 4개가 줄어든 모양을 만들면 됩니다.

(4) 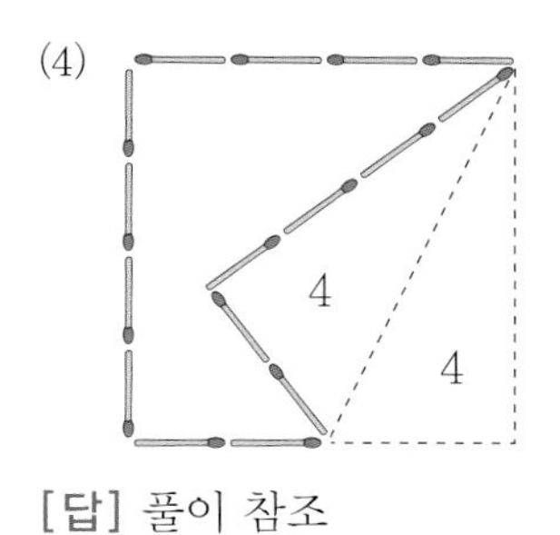

넓이 8이 줄어들어야 하므로 넓이 4인 삼각형 2개가 줄어든 모양을 만들면 됩니다.

[답] 풀이 참조

P.57

[풀이] (1) 검은 바둑돌이 이기기 위해서는 흰 바둑돌이 오른쪽 끝으로 가고 검은 바둑돌이 흰 바둑돌의 바로 왼쪽에 있어서 흰 바둑돌이 움직일 수 없도록 해야 합니다. 이렇게 하기 위해서는 흰 바둑돌이 오른쪽으로 가도록 만들어야 하므로 검은 바둑돌이 오른쪽으로 3칸 움직입니다. 흰 바둑돌이 오른쪽으로 움직이면 움직인 칸 수만큼 따라가서 오른쪽 끝으로 가도록 합니다.

(2) 윗줄에 있는 검은 돌을 왼쪽으로 한 칸 움직이거나, 아랫줄에 있는 검은 돌을 오른쪽으로 한 칸 움직입니다. 이렇게 윗줄과 아랫줄이 대칭이 됩니다. 이후 흰 돌이 움직이면 검은 돌은 흰 돌과 똑같이 움직이면 됩니다. 예를 들어, 윗줄의 흰 돌이 왼쪽으로 3칸 움직이면 아랫줄의 검은 돌은 오른쪽으로 3칸 움직입니다. 이런 방법으로 움직이다가 검은 바둑돌이 흰 바둑돌의 바로 왼쪽으로 오면 흰 바둑돌은 오른쪽으로 갈 수밖에 없습니다. 흰 바둑돌이 오른쪽으로 가면 검은 바둑돌은 흰 바둑돌을 따라 가서 가장 오른쪽 칸에 갇히도록 합니다.

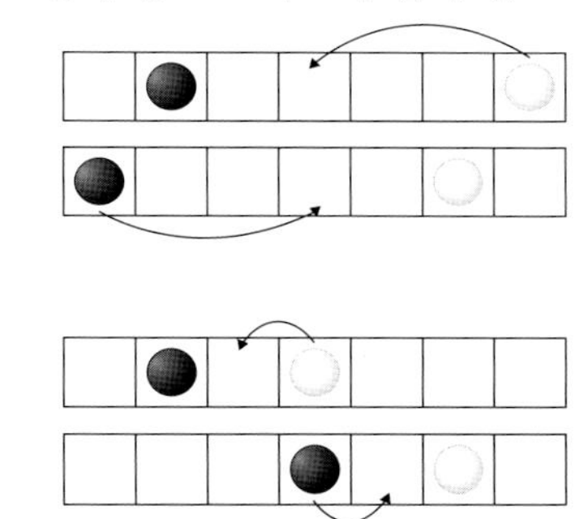

[답] (1) 오른쪽 3칸

(2) 윗줄 검은 바둑돌을 왼쪽으로 1칸 움직이거나 아랫줄 검은 바둑돌을 오른쪽으로 1칸 움직입니다.

바른 답 · 바른 풀이

Ⅲ 기하

1. 오일러의 정리 P.60

Free FACTO

[풀이]

	꼭짓점의 수(v)	모서리의 수(e)	면의 수(f)	v-e+f
(1) 삼각기둥	6	9	5	2
(2) 삼각뿔	4	6	4	2
(3) 오각기둥	10	15	7	2

[풀이] • (각기둥의 꼭짓점의 개수)=(밑면의 변의 개수)×2
(팔각기둥의 꼭짓점의 개수)=8×2=16(개)
• (각기둥의 모서리의 개수)=(밑면의 변의 개수)×3
(팔각기둥의 모서리의 개수)=8×3=24(개)
[답] 꼭짓점 16개, 모서리 24개

[풀이] (□각뿔을 잘랐을 때 생기는 두 도형의 꼭짓점의 개수의 합)=(□+□)+(□+1)=25
□×3+1=25
□×3=24
□=8
따라서 자르기 전의 입체도형은 팔각뿔입니다.
[답] 팔각뿔

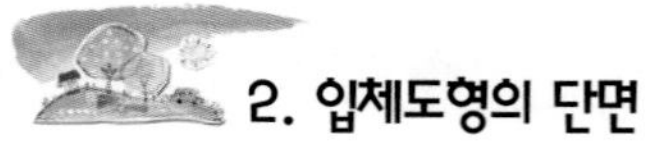

2. 입체도형의 단면 P.62

Free FACTO

[풀이] ①

③

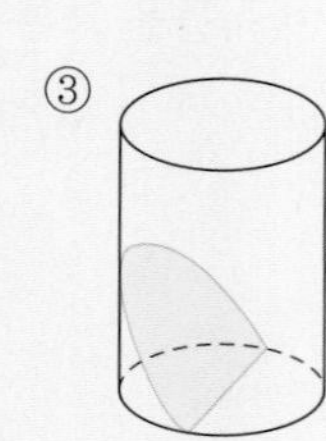

④

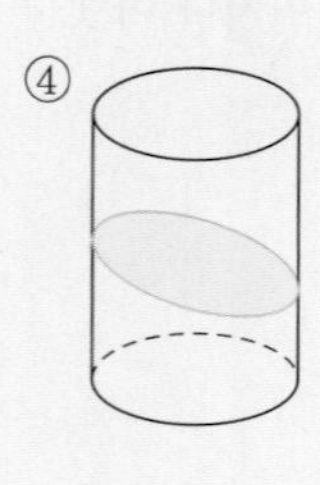

⑤

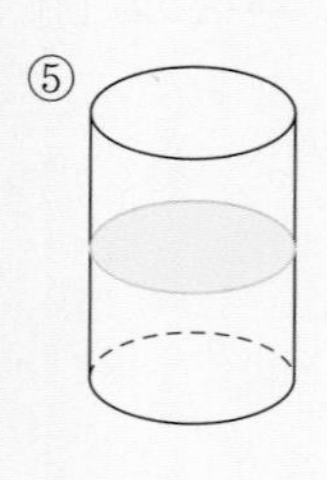

[답] ②, ⑥

[풀이] 구는 어느 쪽으로 잘라도 단면이 모두 원입니다.
[답] 원

[풀이] (1) 밑면과 평행하게 자른 단면

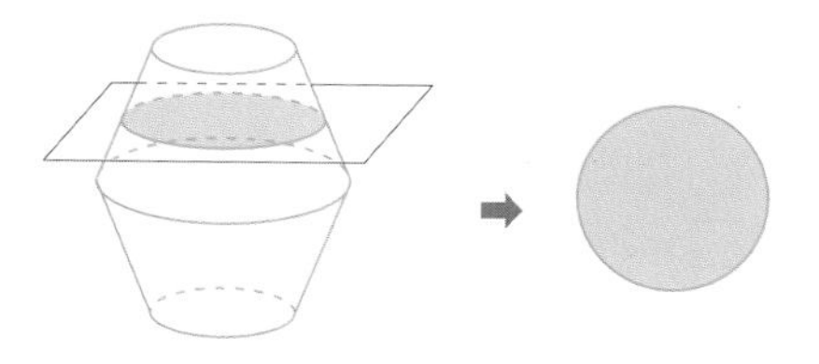

(2) 밑면과 수직이고, 밑면의 중심을 지나게 자른 단면

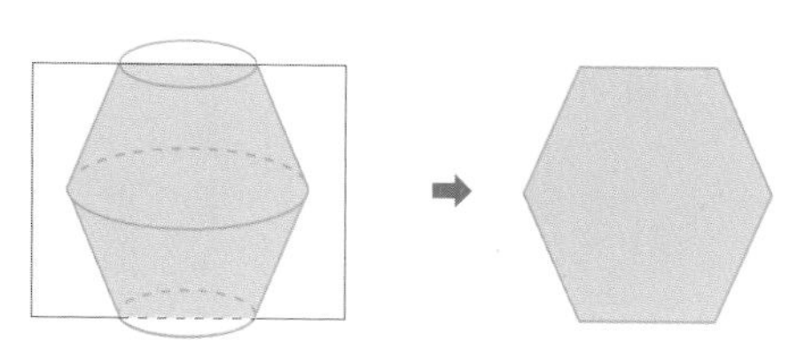

[답] 풀이 참조

3. 회전체

P.64

Free **FACTO**

[풀이]

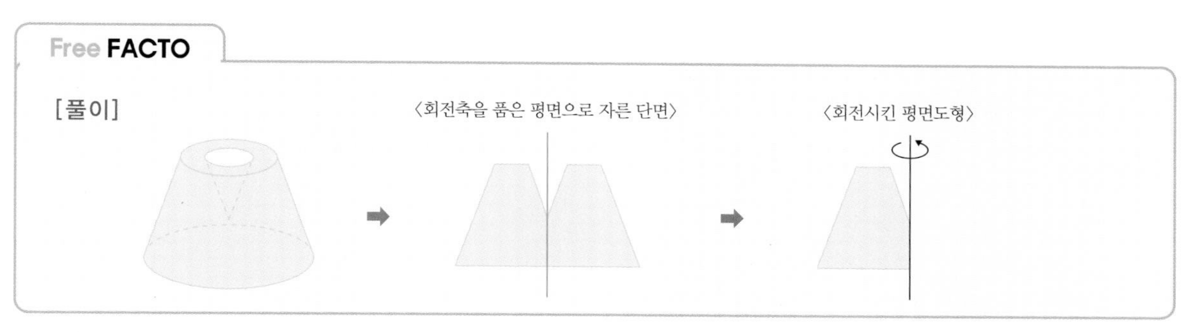

예제 01

[풀이] 각 입체도형의 회전시킨 평면도형을 그리면 다음과 같습니다.

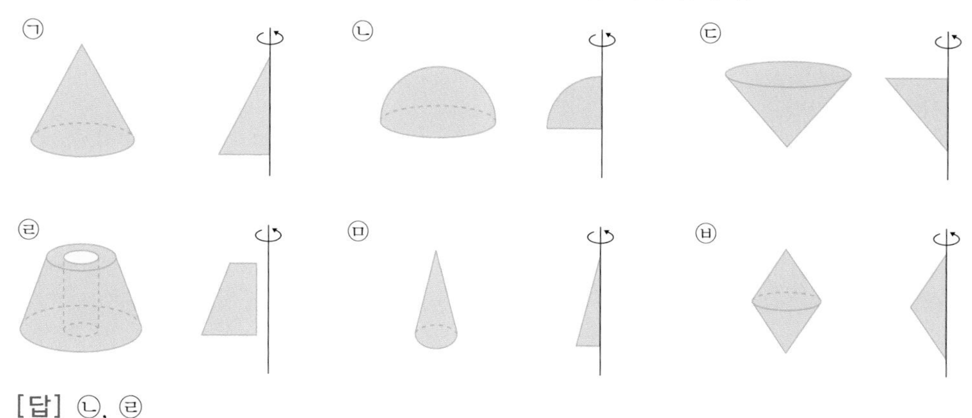

[답] ㉡, ㉣

Creative 팩토 ······ P.66

[풀이] □각기둥의 면의 개수는 □+2=10
□=8 ⇒ 팔각기둥
□각뿔의 면의 개수는 □+1=10
□=9 ⇒ 구각뿔
[답] 팔각기둥, 구각뿔

[풀이]

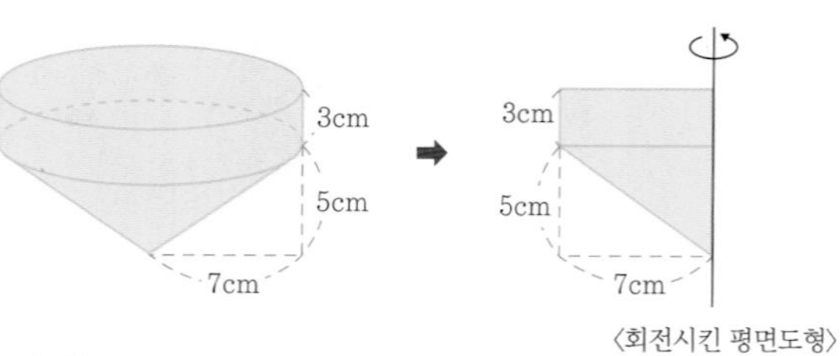

〈회전시킨 평면도형〉

[답] 풀이 참조

······ P.67

[풀이] 막대 12개를 12개의 모서리로, 연결고리 8개를 꼭짓점 8개로 하여 정육면체를 만듭니다.

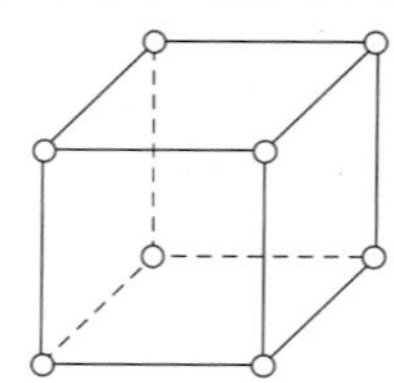

4 [풀이] 단면인 직사각형의 세로의 길이는 일정하므로 가로의 길이가 길어야 넓이가 커집니다.
따라서 가로의 길이가 대각선으로 가장 긴 ㉢ 단면의 넓이가 가장 큽니다.
[답] ㉢

······ P.68

[풀이] (1) 직사각형
(2) 원
(3) 타원
(4)

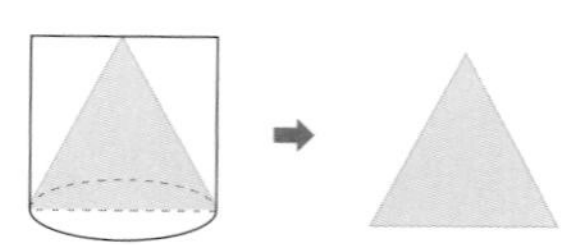

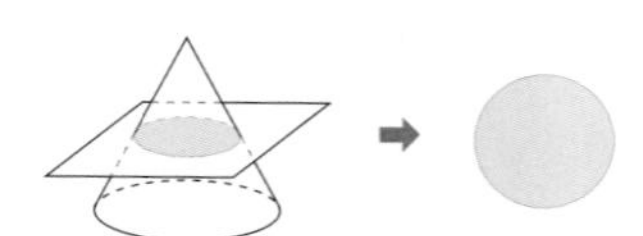

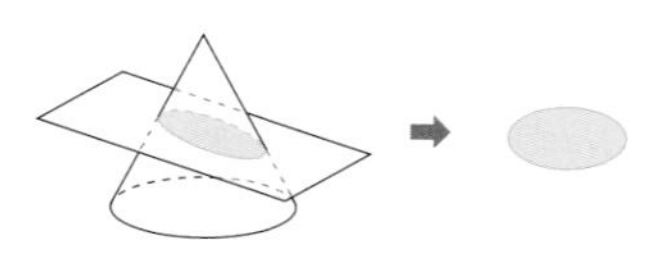

P.69

[풀이] (1) 직사각형

(2) 밑면의 모양이 삼각형인 각기둥이므로 삼각기둥입니다.

(3) 밑면과 수직이면서 밑면의 가로와 평행하게 한 번 자른 후, 밑면과 수직이면서 밑면의 세로와 평행하게 또 한 번 자르면, 밑면의 모양이 직사각형인 사각기둥 4개가 만들어집니다.

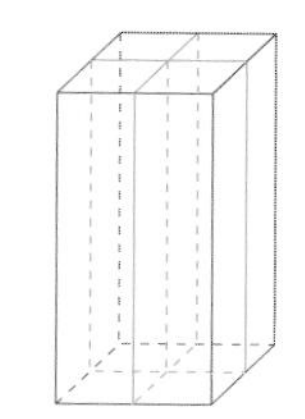

[답] (1) 직사각형 (2) 삼각기둥 (3) 풀이 참조

4. 회전체의 부피가 최대일 때

P.70

Free FACTO

[풀이] 넓이가 12cm인 직사각형을 모두 구하면

직사각형	①	②	③	④	⑤	⑥
가로(cm)	1	2	3	4	6	12
세로(cm)	12	6	4	3	2	1

원기둥을 만들 때 (가로)=(밑면의 반지름), (세로)=(높이)가 되므로 원기둥의 부피는
① $37.68cm^3$ ② $75.36cm^3$ ③ $113.04cm^3$ ④ $150.72cm^3$ ⑤ $226.08cm^3$ ⑥ $452.16cm^3$
입니다. 따라서 부피가 최대일 때는 $452.16cm^3$, 최소일 때는 $37.68cm^3$입니다.
[답] 최대: $452.16cm^3$, 최소: $37.68cm^3$

[풀이] (1) (1cm, 2cm) (2cm, 1cm)

(2) (1cm, 2cm)일 때,
밑면의 넓이 $2 \times 2 \times 3.14 = 12.56(cm^2)$
옆면의 넓이 $(2 \times 2 \times 3.14) \times 1 = 12.56(cm^2)$
겉넓이는 $12.56 \times 2 + 12.56 = 37.68(cm^2)$
(2cm, 1cm)일 때,
밑면의 넓이 $1 \times 1 \times 3.14 = 3.14(cm^2)$
옆면의 넓이 $(1 \times 2 \times 3.14) \times 2 = 12.56(cm^2)$
겉넓이는 $3.14 \times 2 + 12.56 = 18.84(cm^2)$
따라서 가장 큰 겉넓이는 $37.68(cm^2)$입니다.

[답] (1) (1cm, 2cm), (2cm, 1cm) (2) $37.68cm^2$

5. 최단거리 P.72

Free FACTO

[풀이] 입체의 전개도를 그려 점 A와 점 B를 연결하는 가장 짧은 선인 곧은 선을 그립니다.

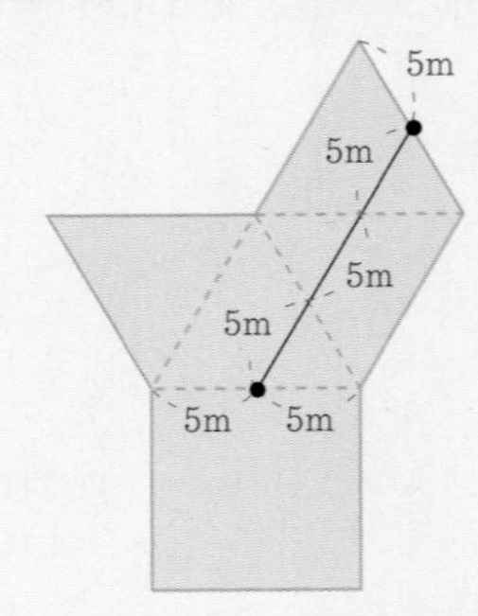

따라서 가장 짧은 선의 길이는 5×3=15(m)입니다.

[답] 15m

[풀이]

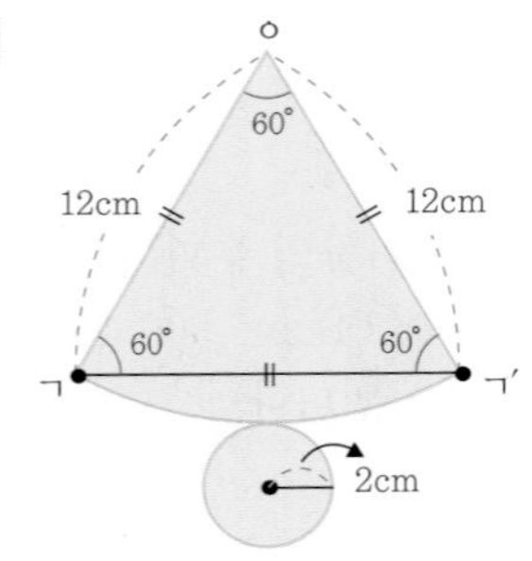

점 ㄱ과 ㄱ′가 입체도형에서는 모두 하나의 점 ㄱ이므로, 전개도에서 점 ㄱ과 ㄱ′를 잇는 곧은 선이 가장 짧은 선입니다. 삼각형 ㅇㄱㄱ′가 정삼각형이므로 선분 ㄱㄱ′의 길이는 12cm입니다.

[답] 12cm

[풀이]

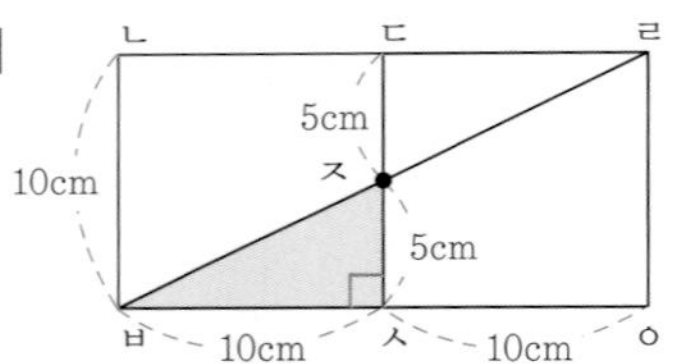

삼각형 ㅈㅂㅅ의 넓이: $10\times5\div2=25(cm^2)$

[답] $25cm^2$

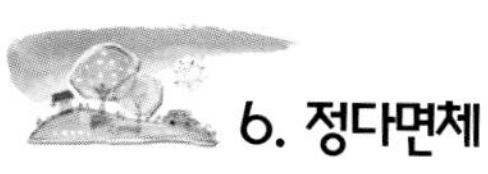

6. 정다면체 ······ P.74

Free FACTO

[풀이] 각 입체도형의 한 꼭짓점에서 만나는 면을 펼치면 다음과 같습니다.

정사면체: 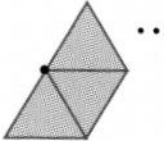 ··· 3개

정팔면체: 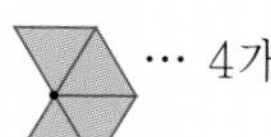 ··· 4개

정이십면체: 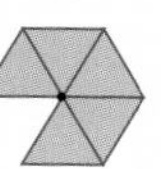 ··· 5개

한 꼭짓점에서 정삼각형 6개를 모으면 평면이 되므로 입체도형을 만들 수 없습니다.

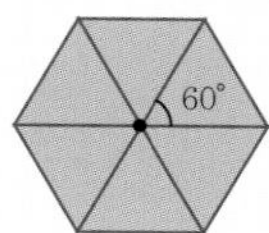

$60° \times 6 = 360°$

[풀이] 전개도를 접으면 정사면체가 만들어집니다.

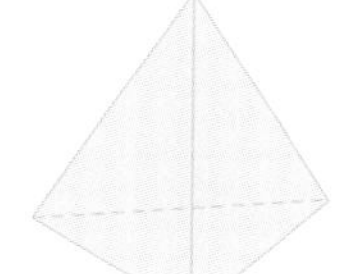

면: $3+1=4$(개)
모서리: $3\times2=6$(개)
꼭짓점: $3+1=4$(개)

[답] 면: 4개, 모서리: 6개 , 꼭짓점: 4개

Creative 팩토 ······ P.76

[풀이] 둘레의 길이가 12cm이므로 직사각형의 (가로)+(세로)=6cm인데, 둘레의 길이가 일정한 직사각형을 회전시켜 만든 원기둥의 부피는 가로의 길이가 세로의 길이의 2배일 때 최대가 되므로 직사각형의 가로가 4cm, 세로가 2cm일 때입니다. 이때의 부피는

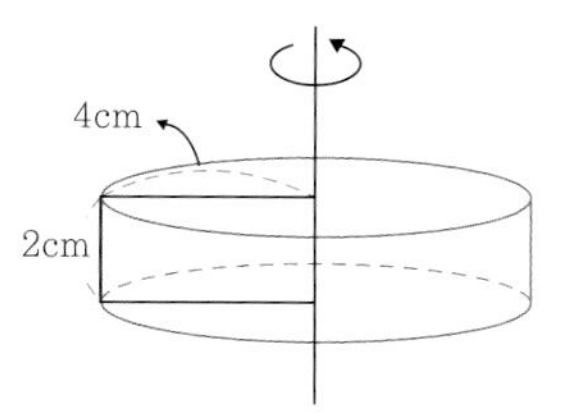

$4\times4\times3.14\times2=100.48(cm^3)$

[답] $100.48cm^3$

 [답]

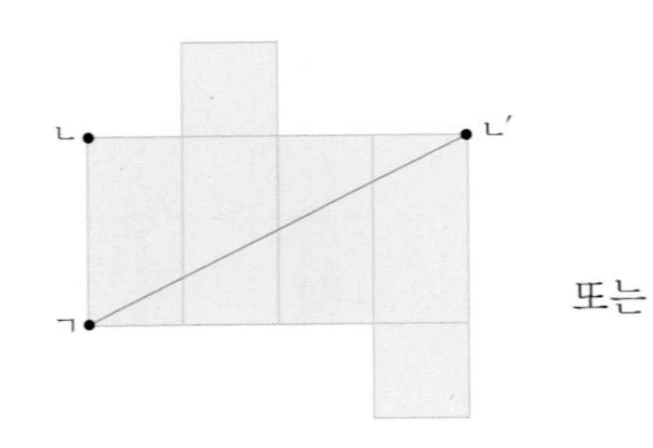

또는

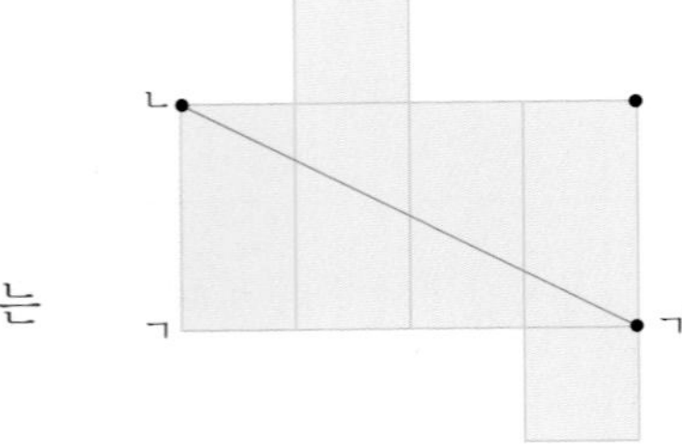

P.77

 [풀이] (1) (이 정다면체의 꼭짓점의 개수)=(정육면체의 면의 개수)이므로 꼭짓점 6개, 면 8개, 모서리 12개입니다. (정팔면체)

(2) 이 정다면체의 면의 개수가 8개이므로, 각 면의 중심을 이으면 꼭짓점의 개수가 8개인 정다면체가 만들어집니다. (정육면체)

(3) 정사면체의 면의 개수가 4개이므로 각 면의 중심을 이으면 꼭짓점의 개수가 4개인 정다면체, 즉 정사면체가 만들어집니다.

[답] (1) 꼭짓점: 6개, 면: 8개, 모서리: 12개 (2) 8개 (3) 정사면체

P.78

 [풀이] (1) A:

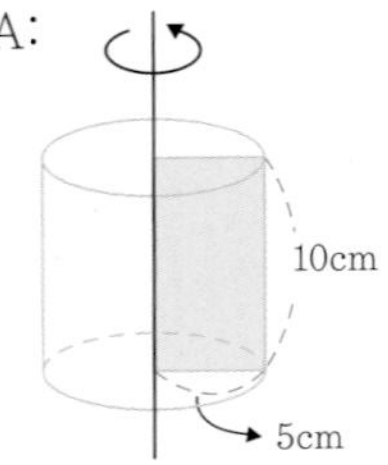

B:

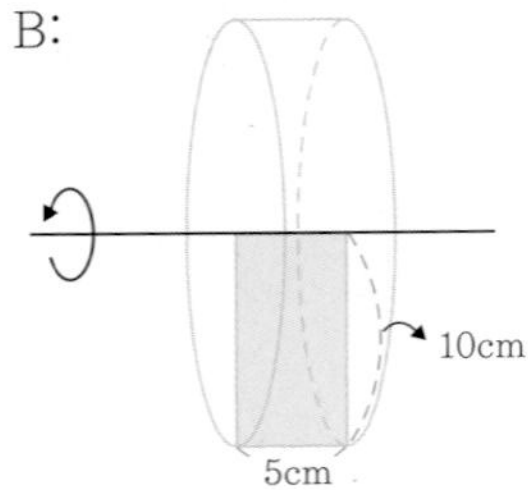

(2) A: $(5\times5\times3.14)\times10=785(\text{cm}^3)$

B: $(10\times10\times3.14)\times5=1570(\text{cm}^3)$

(3) A: $(5\times5\times3.14)\times2+(10\times3.14\times10)=471(\text{cm}^2)$

B: $(10\times10\times3.14)\times2+(20\times3.14\times5)=942(\text{cm}^2)$

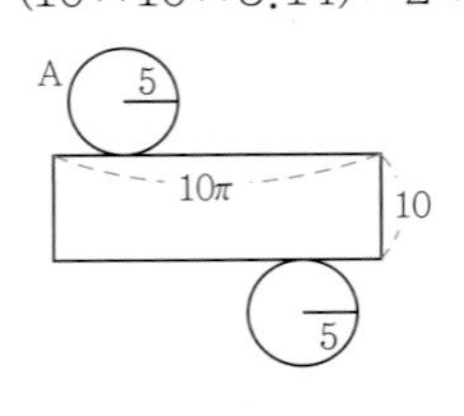

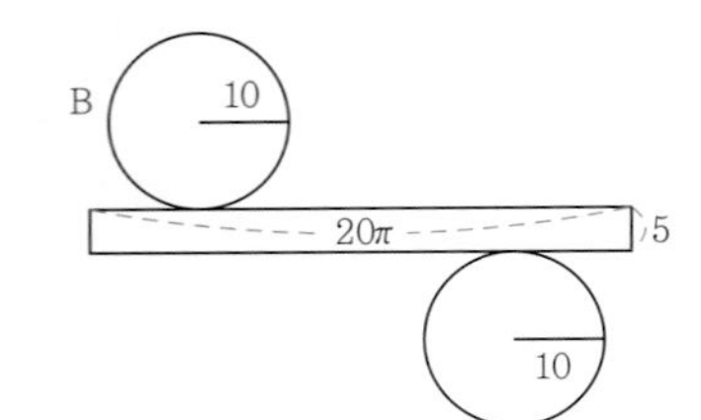

[답] (1) 풀이 참조 (2) A: 785cm^3, B: 1570cm^3 (3) A: 471cm^2, B: 942cm^2

P.79

[풀이] (1) 꼭짓점을 한 번 잘라내면 입체도형의 면의 개수는 1개 늘어납니다.
(2) 모두 4개의 꼭짓점을 잘라내므로 면의 개수가 4개 늘어나서 남은 입체도형의 면의 개수는
(원래 정사면체의 면의 개수)+(늘어난 면의 개수)=4+4=8(개)가 됩니다.
(3) 8개의 정삼각형으로 만들어진 입체도형인 정팔면체입니다.
[답] (1) 풀이 참조 (2) 8개 (3) 정팔면체

Thinking 팩토

P.80

[풀이]

직사각형

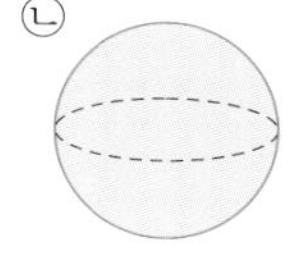

원

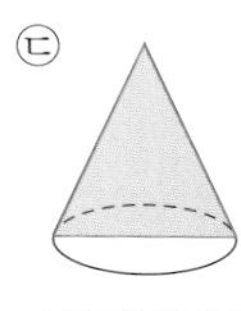

이등변삼각형

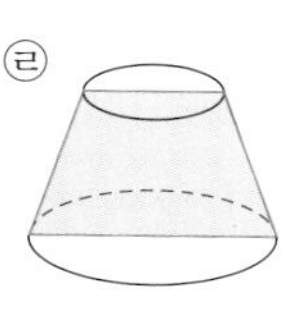

사다리꼴

[답] ㉡ 원, ㉢ 이등변삼각형, ㉣ (등변)사다리꼴

[풀이] 밑면의 모양이 육각형이므로 육각기둥의 꼭짓점의 개수는 6×2=12(개), 면의 개수는 6+2=8(개), 모서리의 개수는 6×3=18(개)입니다.
[답] 꼭짓점: 12개, 면: 8개, 모서리: 18개

P.81

[풀이] (1) 정육각형: 20개, 정오각형: 12개
(2) 정육각형의 변의 개수: 6×20=120(개)
정오각형의 변의 개수: 5×12=60(개)
120+60=180(개)
(3) 2개의 변이 만나 1개의 모서리가 되므로 입체도형의 모서리의 개수는 180÷2=90(개)입니다.
[답] (1) 정육각형 20개, 정오각형 12개 (2) 180개 (3) 90개

P.82

[풀이] (1)

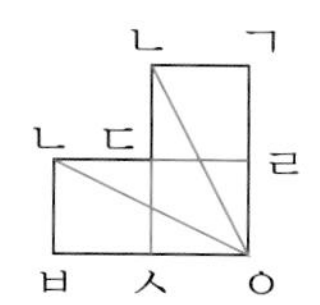

(2) 모서리 ㄷㄹ, 모서리 ㄷㅅ

(3)

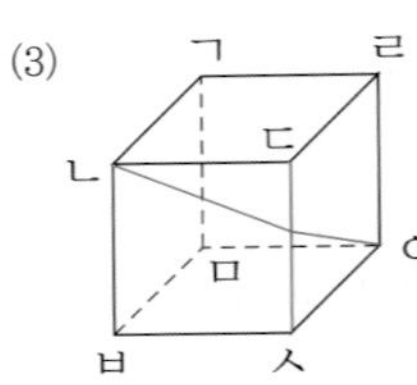

〈모서리 ㄷㅅ을 지나는 선〉

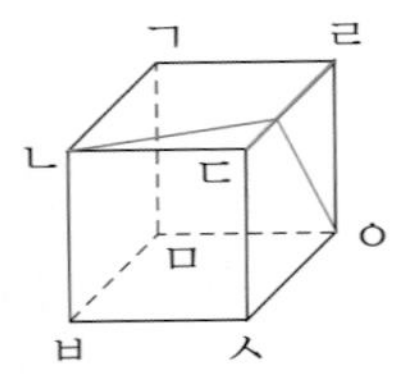

〈모서리 ㄷㄹ을 지나는 선〉

• 뒤에서 보이는 정육면체의 세 면을 펼친 모양

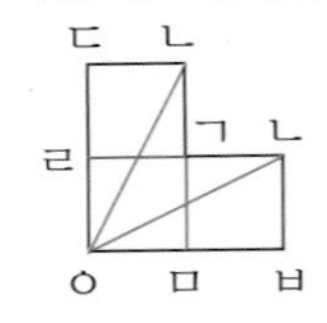

• 아래에서 보이는 정육면체의 세 면을 펼친 모양

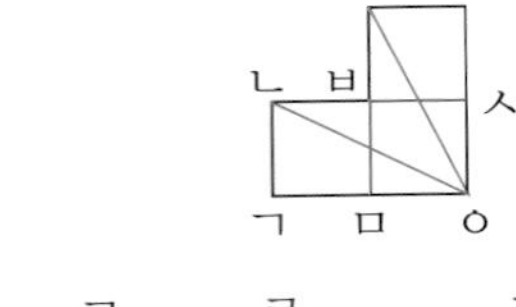

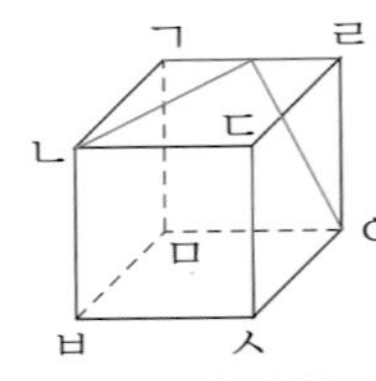
〈모서리 ㄱㄹ을 지나는 선〉

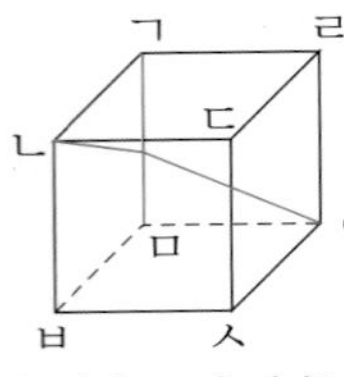
〈모서리 ㄱㅁ을 지나는 선〉

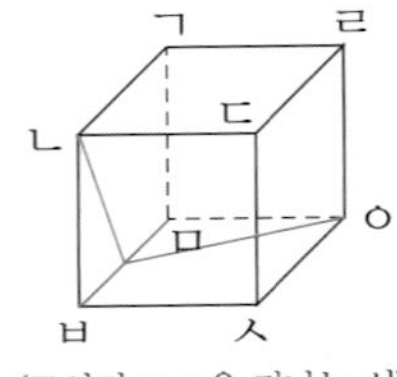
〈모서리 ㅁㅂ을 지나는 선〉

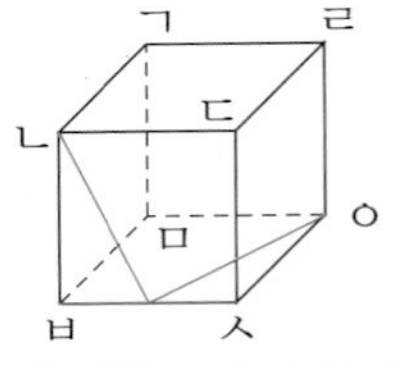
〈모서리 ㅂㅅ을 지나는 선〉

[답] (1) 풀이 참조　　(2) 모서리 ㄷㄹ, 모서리 ㄷㅅ

(3) 모서리 ㄷㅅ을 지나는 선을 제외한 5개 중에 3개를 그리면 됩니다.

[풀이] (1) 그림과 같이 한 꼭짓점에 모이는 각의 합이 360°가 되면 평면이 만들어지므로 입체도형이 만들어지지 않고, 360°보다 커지면 면이 서로 겹치게 됩니다.

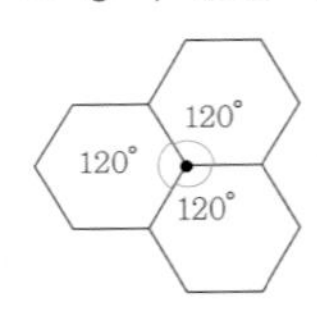

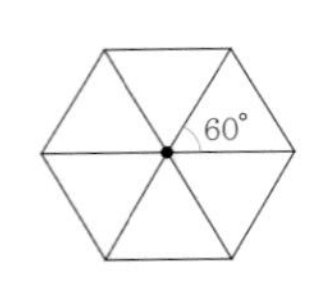

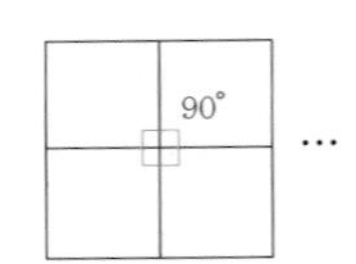

…

(2) 정삼각형의 한 각의 크기는 60°입니다. 따라서 한 꼭짓점에 모이는 정삼각형 3개, 4개, 5개로 정다면체를 만들 수 있습니다.

$60° \times 3 = 180°$
$60° \times 4 = 240°$
$60° \times 5 = 300°$

정사각형의 한 각의 크기는 90°입니다. 따라서 한 꼭짓점에 모이는 정사각형 3개로 정다면체를 만들 수 있습니다.

$90° \times 3 = 270°$

정오각형의 한 각의 크기는 108°입니다. 따라서 한 꼭짓점에 모이는 정오각형 3개로 정다면체를 만들 수 있습니다.

$108° \times 3 = 324°$

[답] (1) 풀이 참조　　(2) 정삼각형, 정사각형, 정오각형

Ⅳ 규칙 찾기

1. 암호 P.86

Free FACTO

[풀이] ◿ ⟍ ∠ ◹ ⊿ ⊔ ∨ ∧ ◺ ⅂ ∠ ⊏ ⊿ ⊐ ∨ ◸ □

$1+(7+2)\times 3-(6+4)\div 5$

$=1+9\times 3-10\div 5$

$=1+27-2$

$=26$

[답] 26

[풀이] ∟ ◿ ⊐ ◿ □ ◺ ⊓

$3+4+5-8=4$

[답] 4

[풀이] 앞의 칸의 ▼은 60을 나타내므로

▼▼▼ | ≪▼▼ $60\times 3+10\times 2+2$

$=180+20+2$

$=202$

[답] 202

2. 약속 P.88

Free FACTO

[풀이] 이 계산기는 짝수를 넣고 한 번 누르면 ÷2, 홀수를 넣고 한 번 누르면 −1을 합니다.
따라서 마지막에 1이 되기 위해서는 그 전의 수는 2이어야 합니다. 규칙에 따라 거꾸로 찾아보면 다음과 같습니다.

```
                 -1 ↙ 7
       -1   3 ÷2← 6
       ↙          ÷2↖ 12
1 ÷2← 2
                 ÷2
       ↖  -1 ↙ 5 ← 10
       ÷2  4
           ↖  -1 ↙ 9
           ÷2  8
                ÷2↖ 16
```

따라서 4번 누르면 1이 되는 수는 7, 12, 10, 9, 16이고 합은 54입니다.

[답] 54

[풀이] 이 상자는 3의 배수를 넣으면 ÷3, 3의 배수가 아닌 수를 넣으면 −1을 합니다. 따라서 마지막에 1이 되도록 거꾸로 찾아보면 다음과 같습니다.

1 ← (÷3) 3 ← (÷3) 9 ← (÷3) 27
9 ← (−1) 10
3 ← (−1) 4 ← (÷3) 12
4 ← (−1) 5
1 ← (−1) 2 ← (÷3) 6 ← (÷3) 18
6 ← (−1) 7

따라서 상자에 3번 통과시키면 1이 되는 수는 5, 7, 10, 12, 18, 27입니다.

[답] 5, 7, 10, 12, 18, 27

[풀이] △=1일 때,
(1, 1)=1+1=2
(1, 2)=1+4=5
(1, 3)=1+9=10
(1, 4)=1+16=17
(1, 5)=1+25=26(×)

△=2일 때,
(2, 1)=4+1=5
(2, 2)=4+4=8
(2, 3)=4+9=13
(2, 4)=4+16=20(×)

△=3일 때,
(3, 1)=9+1=10
(3, 2)=9+4=13
(3, 3)=9+9=18
(3, 4)=9+16=25(×)

△=4일 때,
(4, 1)=16+1=17
(4, 2)=16+4=20(×)

△가 5 이상이면 20보다 작은 수가 될 수 없습니다.

[답] (1, 1), (1, 2), (1, 3), (1, 4), (2, 1), (2, 2), (2, 3), (3, 1), (3, 2), (3, 3), (4, 1)

3. 패리티 검사 P.90

Free FACTO

[풀이]

a	b	c
2	0	3

이라면 a+b=2 → 3, b+c=3 → 4, a+c=5 → 5 가 되어야 하므로

b는 0이 아닌 1이 되어야 둘씩 더해지는 식이 참이 됩니다. 즉, a=2, b=1, c=3입니다.

[답] (2, 1, 3)

[풀이] a | b | c 이라면 $a\times b=3\times 6=18$

3 | 6 | ~~5~~ 4

$b\times c=6\times \overset{4}{\cancel{5}}=24$

$a\times c=3\times \overset{4}{\cancel{5}}=12$

즉, c가 4로 수정되야 합니다.

[답] (3, 6, 4)

Creative 

P.92

[풀이] CCCXXI+XXXⅣ

=(300+20+1)+(30+4)

=355

=CCCLV

[답] CCCLV

[풀이] 홀수째 번 자리의 숫자들을 더하면 $8+0+1+3+7+5=24$

짝수째 번 자리의 숫자들을 3배 해서 더하면

$(8+2+2+4+8+\square)\times 3=(24+\square)\times 3=72+3\times\square$

전체의 합은

$96+3\times\square$

이 전체의 합의 일의 자리 숫자를 10에서 뺀 수가 4이므로

$96+3\times\square$의 일의 자리 숫자는 6이 되어야 합니다.

따라서 $3\times\square$의 일의 자리 숫자가 0이 되어야 하므로 $\square=0$입니다.

[답] 0

P.93

[풀이] 아래 그림과 같이 ㉯ 3번, ㉰ 3번 곱해지므로 ㉯와 ㉰에 가장 작은 수를 넣어야 합니다.

㉮와 ㉱는 한 번씩 곱해지므로 큰 수를 넣습니다.

㉮, ㉱=3, 4

㉯, ㉰=1, 2

$3\times 4\times 1\times 1\times 1\times 2\times 2\times 2=12\times 8=96$

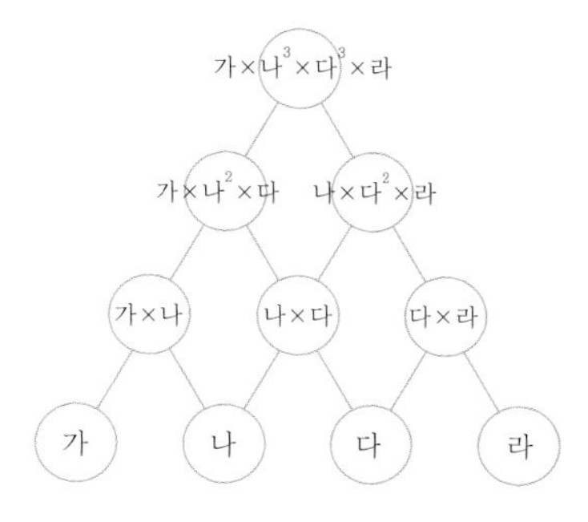

[답] 96

[풀이] (열, 행)으로 나타냅니다.
c=(3, 1), a=(1, 1), t=(5, 4)
[답] (3, 1), (1, 1), (5, 4)

P.94

[풀이] 시계 모양입니다.

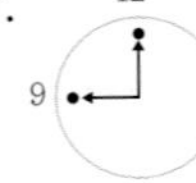

이므로 ㉠=9입니다.

[답] 9

[풀이] 다음과 같은 규칙으로 아래의 두 수의 합을 위에 나타낸 것입니다

3 =1+2
1 ×2 2

이 규칙에 따라 빈칸을 모두 채우면

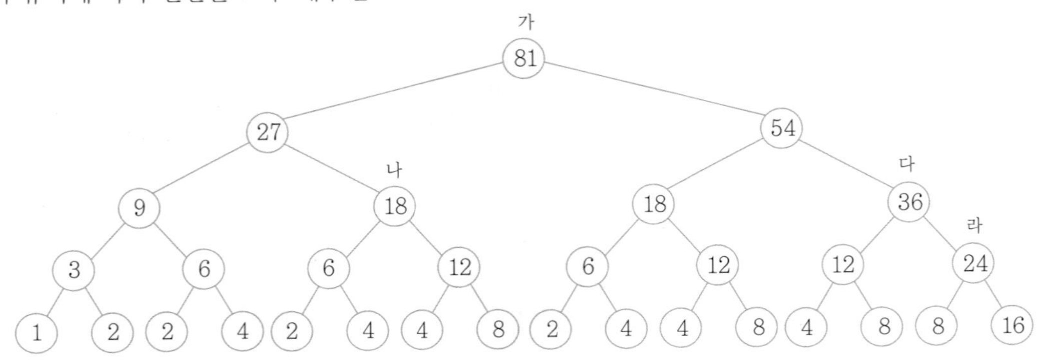

[답] 가: 81, 나: 18, 다: 36, 라: 24

P.95

[풀이] 4행에는 1의 개수가 짝수 개인데 패리티 비트가 0이므로 4행 중의 1개의 숫자가 틀렸습니다. 2열에는 1의 개수가 홀수 개인데 패리티 비트가 1이므로 2열 중의 1개의 숫자가 틀렸습니다.
[답] 4행 2열에 있는 0을 1로 수정해야 합니다.

[풀이] 가장 아래 칸을 각각 ㉠, ㉡, ㉢, ㉣이라고 하면

㉠+3×㉡+3×㉢+㉣

㉠+2×㉡+㉢ | ㉡+2×㉢+㉣

㉠+㉡ | ㉡+㉢ | ㉢+㉣

㉠ | ㉡ | ㉢ | ㉣

㉮=㉠+㉣+3×(㉡+㉢)이 됩니다.

1, 2, 3, 4를 배치해 보면

㉠	㉣	㉡	㉢	㉮
1	2	3	4	24
1	3	2	4	22
1	4	2	3	20
2	3	1	4	20
2	4	1	3	18
3	4	1	2	16

따라서 ㉮가 될 수 있는 수는 16, 18, 20, 22, 24입니다.
[답] 16, 18, 20, 22, 24

4. 군수열 P.96

Free FACTO

[풀이] 분자와 분모의 합이 같은 것끼리 묶으면

$\left(\frac{1}{1}\right), \left(\frac{1}{2}, \frac{2}{1}\right), \left(\frac{1}{3}, \frac{2}{2}, \frac{3}{1}\right), \left(\frac{1}{4}, \frac{2}{3}, \frac{3}{2}, \frac{4}{1}\right), \cdots$

(분자)+(분모)가 2, 3, 4, 5, … 이므로 분자는 1부터, 분모는 가장 큰 수부터 차례대로 나타납니다.
합이 2는 1개, 3는 2개, 4는 3개씩 커지므로 50째 번 수는 $(1+2+3+\cdots+9)+5$로 10째 번 묶음의 5째 번 분수입니다.
합이 11인 수들 중에서 5째 번 분수이므로 $\frac{5}{6}$입니다.

[답] $\frac{5}{6}$

[풀이] 분모가 같은 것끼리 ( )로 묶으면 다음과 같습니다.

$\left(\frac{1}{1}\right), \left(\frac{1}{2}, \frac{2}{2}\right), \left(\frac{1}{3}, \frac{2}{3}, \frac{3}{3}\right), \left(\frac{1}{4}, \frac{2}{4}, \cdots\right), \cdots$

□째 번 ( )에는 □개의 분수가 있고, □째 번 괄호까지는 1+2+3+4+…+□개의 수가 있습니다.
$1+2+3+4+5+6+7=28$이므로 7째 번 괄호까지는 28개의 수를 쓰게 됩니다. 따라서 30째 번 수는 8째 번 괄호의 둘째 번 수가 됩니다.

8째 번 괄호는 $\left(\frac{1}{8}, \frac{2}{8}, \frac{3}{8}, \cdots\right)$이므로 30째 번 수는 $\frac{2}{8}$ 입니다.

[답] $\frac{2}{8}$

5. 피보나치 수열 P.98

[풀이] 첫째 번 계단을 오르는 방법: 1가지
둘째 번 계단을 오르는 방법: 1칸씩 2번 오르거나 2칸을 1번에 오를 수 있으므로 2가지
셋째 번 계단을 오르는 방법: 첫째 번 계단에서 2칸 오르거나 둘째 번 계단에서 1칸 오를 수 있으므로 $1+2=3$(가지)
넷째 번 계단을 오르는 방법: 둘째 번 계단에서 2칸 오르거나 셋째 번 계단에서 1칸 오를 수 있으므로 $2+3=5$(가지)
다섯째 번 계단을 오르는 방법: 셋째 번 계단에서 2칸 오르거나 넷째 번 계단에서 1칸 오를 수 있으므로 $3+5=8$(가지)
[답] 8가지

[풀이] 위의 문제와 같이 피보나치 수열을 이룹니다.
1, 2, 3, 5, 8, 13, 21
[답] 21

6. 수의 관계 P.100

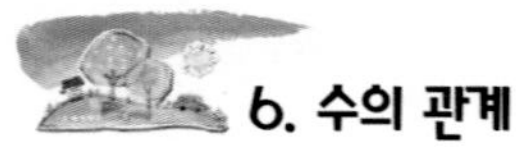

[풀이] 통화를 안 한다면 [방법1]이 5000원 더 저렴합니다. 그러나 1분 통화할 때마다 [방법2]가 100원씩 저렴해지므로 50분이 되면 금액이 결국 같아지게 됩니다. 따라서 [방법1]이 더 적게 들거나 같은 것은 50분까지 통화를 하였을 경우입니다.
[답] 50분

예제 01

[풀이] 민수는 동생보다 저금한 돈이 3000원 적지만 하루가 지날 때마다 200원씩 차이가 줄어듭니다.
$3000 \div 200=15$(일)이므로 3월 15일에 둘의 저금액은 같아집니다. 따라서 3월 16일부터는 민수가 저금한 금액이 동생보다 많아집니다.
[답] 3월 16일

[풀이] 거북이는 1분에 20m를 달리므로 $1000 \div 20=50$(분)
토끼는 1분에 100m를 달리므로 $1000 \div 100=10$(분) 걸립니다.
즉, $50-10=40$(분)이므로 토끼는 낮잠을 40분 넘게 자야 합니다.
[답] 40분

Creative 팩토

P.102

[풀이] 각 줄의 맨 앞의 수는 2, 4, 6, 8, …씩 커지는 계차수열입니다.
각 줄은 4씩 커지는 등차수열이므로 열째 줄의 맨 앞의 수는
$3+(2+4+6+\cdots+18)=3+20\times9\div2=93$입니다.
열째 줄은 수가 모두 11개로 마지막 수는 4씩 10번 커져야 하므로
$93+4\times10=133$입니다.
따라서 열째 줄에 놓인 수들의 합은 $(93+133)\times11\div2=113\times11=1243$입니다.
[답] 1243

[풀이] 몸길이 1cm인 미생물 1마리인 경우

10분
20분
30분
40분

미생물의 마리 수는 피보나치 수열을 이룹니다.
1, 1, 2, 3, 5, 8, 13
한 마리가 1시간이 지나면 13마리가 되므로 6마리이면 $13\times6=78$(마리)
[답] 78마리

P.103

[풀이] 수가 7개씩 배열되면 2줄을 내려갑니다.
따라서 $100\div7=14\cdots2$에서 $14\times2=28$째 줄까지 98까지의 수를 쓰게 되고, 100은 29째 줄의 둘째 번에 쓰게 됩니다.
[답] (29, 4)

[풀이] B 자동차가 30분 먼저 출발했으므로 30km 앞서 있습니다. 그런데 두 자동차의 거리는 1시간에 40km씩 줄어드므로 30km를 줄어들게 하려면 $\frac{30}{40}$(시간) 즉, 45분이 지나야 합니다.
[답] 45분

P.104

[풀이] [방법1]은 2시간 주차에 10000원이고, [방법2]는 2시간 주차에 $700\times12=8400$(원)이므로 2시간은 [방법2]가 1600원 저렴합니다. 하지만 추가로 10분이 늘어날 때마다 200원씩 차이가 줄어듭니다.
$1600\div200=8$이므로 2시간 후로부터 80분이 더 지나면 [방법1]이 더 저렴해집니다.
따라서 [방법2]가 더 요금이 많이 나오는 것은
2시간+1시간 20분=3시간 20분 이후입니다.
[답] 3시간 20분

[풀이] 아기 토끼를 ○, 두 달 된 토끼를 ●로 나타내면

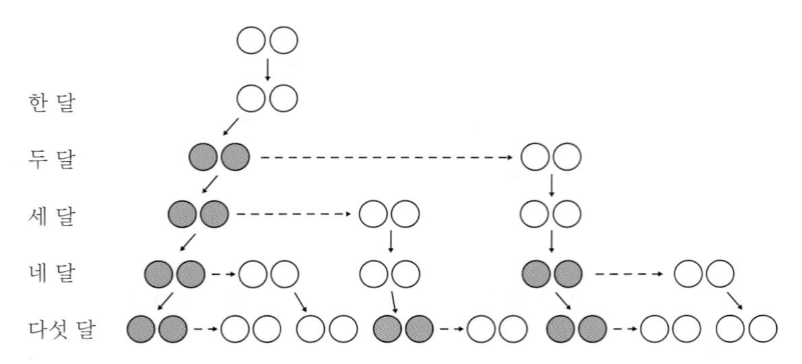

매달 토끼는 피보나치 수열을 이루면서 늘어납니다.

1, 1, 2, 3, 5, 8, 13, 21, 34, 55, 89, 144, 233, ⋯

따라서 12달 후에는 233쌍이 됩니다.

[답] 233쌍

P.105

[풀이] (1), (1, 2, 1), (1, 2, 3, 2, 1), (1, 2, 3, 4, 3, 2, 1), ⋯

( ) 안의 수의 개수가 1, 3, 5, 7개로 늘어납니다.

100째 번은 $1+3+5+\cdots+19=100$에서 ( ) 안의 마지막 수이므로 1입니다.

[답] 1

[풀이]

첫째 칸을 채우는 방법은 1가지

둘째 칸을 채우는 방법은 2가지

셋째 칸을 채우는 방법은 3가지

넷째 칸을 채우는 방법은 5가지

칸을 채우는 방법은 1, 2, 3, 5, 8, 13, 21, 34, ⋯로 피보나치 수열을 이룹니다.

따라서 여덟째 칸까지 모두 채우는 방법은 34가지입니다.

[답] 34가지

Thinking 팩토

P.106

[풀이] 1부터 시작해서 대각선 방향으로 수의 개수는 1개, 2개, 3개, ⋯ 늘어나므로 색칠된 칸의 앞줄까지 쓴 수의 개수는 $1+2+3+\cdots+11=12\times11\div2=66$(개)입니다.

그림에서 짝수째 번 줄은 ↗방향으로 1씩 커지고, 홀수째 번 줄은 ↙방향으로 1씩 작아집니다.

색칠된 칸은 대각선 방향으로 12째 줄의 6째 칸이므로 66 다음의 6째 번 수인 $66+6=72$입니다.

[답] 72

[풀이] 4분 동안 40m 따라잡았으므로 남은 20m를 따라잡으려면 그로부터 2분 후입니다.

[답] 2분 후

P.107

[풀이] (선 모양 그림)

ㅈ ㅏ ㅇ ㄷ ㅗ ㄱ ㄷ ㅐ

[답] 장독대

[풀이] 6과 A, 8과 B의 차가 모두 3이므로 A=3 또는 9, B=5 또는 11

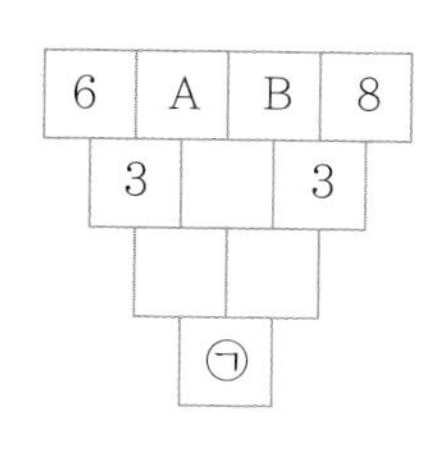

6 9 5 8	6 9 11 8	6 3 5 8	6 3 11 8
3 4 3	3 2 3	3 2 3	3 8 3
1 1	1 1	1 1	5 5
0	0	0	0

[답] 0

P.108

[풀이] 배열된 수를 보고 규칙을 찾으면 오른쪽으로 갈 때는 2배에 1을 더하고, 왼쪽으로 갈 때는 2배한 것입니다. 따라서

$1 \xrightarrow{\text{오른쪽}} 3 \xrightarrow{\text{왼쪽}} 6 \xrightarrow{\text{오른쪽}} 13 \xrightarrow{\text{왼쪽}} 26 \xrightarrow{\text{오른쪽}} 53 \xrightarrow{\text{왼쪽}} 106$

7행의 색칠된 수는 106이 됩니다.

[답] 106

[풀이] 원판을 다음 그림과 같은 순서로 옮깁니다.

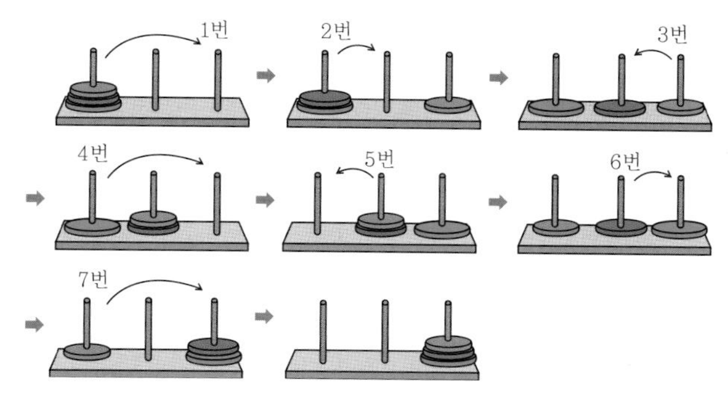

따라서 최소 7번 움직이면 모든 원판을 오른쪽 끝에 있는 기둥으로 옮길 수 있습니다.

[답] 7번

P.109

[풀이]

0	0	1	0	1
0	0	1	1	0
1	1	0	0	1
0	1	1	1	1
1	1	1	0	

칠해져 있는 부분 중에 한 수가 잘못되어 있으므로 가로, 세로 공통으로 들어가 있는 '1' → '0'이 되어야 합니다.

0010 → 2, 0011 → 3, 1000 → 8, 0111 → 7

[답] 2387

[풀이] 홀수가 1, 2, 3, …개로 묶여 있으므로 여섯 째 번 묶음까지 홀수는 $1+2+\cdots+5+6=21$(개)이고, 여섯째 번 묶음의 마지막 홀수는 $1+2\times20=41$입니다.
따라서 일곱째 번 묶음의 홀수는 43, 45, 47, 49, 51, 53, 55이므로 수들의 합은
$(43+55)\times7\div2=98\times7\div2=343$입니다.
[답] 343

V 도형의 측정

1. 원주율(π) P.112

Free FACTO

[풀이] 상현이가 달린 거리는 $12\times2\times3.14=75.36$(m)이고,
영민이가 달린 거리는 $13\times2\times3.14=81.64$(m)입니다.
그러므로 영민이는 $81.64-75.36=6.28$(m)를 상현이보다 더 달렸습니다.
[답] 6.28m
[별해]
영민이가 달린 원의 반지름은 상현이가 달린 원의 반지름보다 1m 더 깁니다. 따라서 반지름이 1m인 원의 둘레만큼을 더 달렸다고 할 수 있습니다.
$1\times2\times3.14=6.28$(m)

[풀이] 지구의 단면의 둘레는 $6400\times2\times3.14=40192$(km)입니다. 지구보다 반지름이 10km 더 큰 구의 단면의 둘레는 $6410\times2\times3.14=40254.8$(km)입니다. 따라서 지구보다 반지름이 10km 더 큰 구의 단면의 둘레는 $40254.8-40192=62.8$(km) 더 깁니다.
[답] 62.8km
[별해] 지구보다 반지름이 10km 더 큰 구의 단면의 둘레는 반지름이 10km인 원의 둘레인 $10\times2\times3.14=62.8$(km)만큼 지구의 단면의 둘레보다 더 길다고 할 수 있습니다.

2. 원주 P.114

Free FACTO

[풀이] 네 개의 선분의 길이의 합은 $10\times4=40$(cm)입니다.
네 개의 곡선 부분의 길이의 합은 반지름이 5cm인 원의 둘레와 같으므로 $5\times2\times3.14=31.4$(cm)입니다.
따라서 끈의 길이는 $40+31.4=71.4$(cm)입니다.
[답] 71.4cm

[풀이] 선분의 길이의 합은 $20\times2=40$(cm)이고, 곡선 부분의 길이의 합은 지름이 10cm인 원의 둘레와 같으므로 $10\times3.14=31.4$(cm)입니다.
따라서 끈의 길이는 $40+31.4=71.4$(cm)입니다.
[답] 71.4cm

[풀이]

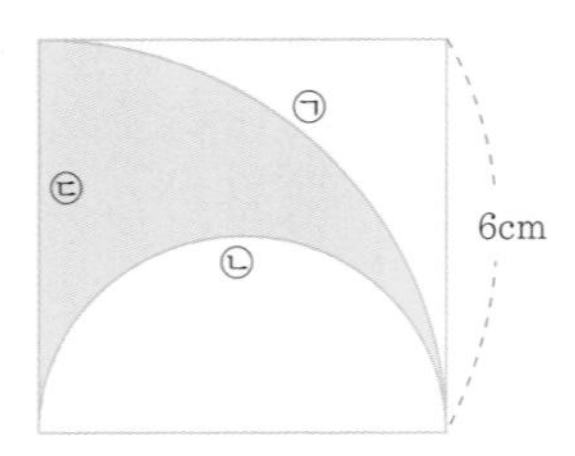

㉠의 길이는 $6\times2\times3.14\times\frac{1}{4}=9.42$(cm)

㉡의 길이는 $6\times3.14\times\frac{1}{2}=9.42$(cm)

㉢의 길이는 6cm입니다.

따라서 색칠된 도형의 둘레는 $9.42+9.42+6=24.84$(cm)입니다.

[답] 24.84cm

3. 원의 넓이 P.116

Free FACTO

[풀이] 작은 부채꼴의 반지름은 $3-2=1$(m)입니다.

따라서 소가 풀을 뜯어 먹을 수 있는 땅의 넓이는

$3\times3\times3.14\times\frac{1}{2}+1\times1\times3.14\times\frac{1}{2}=14.13+1.57=15.7(\text{m}^2)$

[답] 15.7m^2

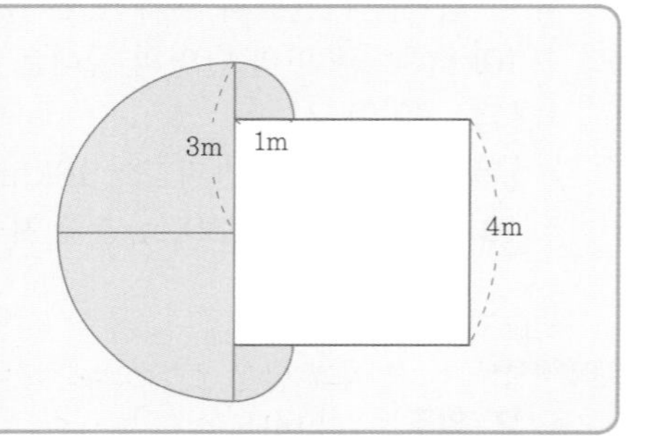

[풀이] 코끼리가 움직일 수 있는 땅의 넓이를 그림으로 나타내면 다음과 같습니다.

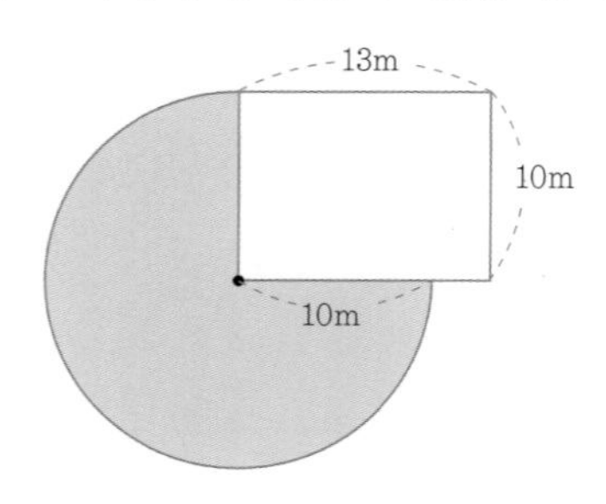

따라서 코끼리가 움직일 수 있는 땅의 넓이는 $10\times10\times3.14\times\frac{3}{4}=235.5(\text{m}^2)$입니다.

[답] 235.5m^2

[풀이] 양이 움직일 수 있는 가장 넓은 범위를 그림으로 나타내면 다음과 같습니다.

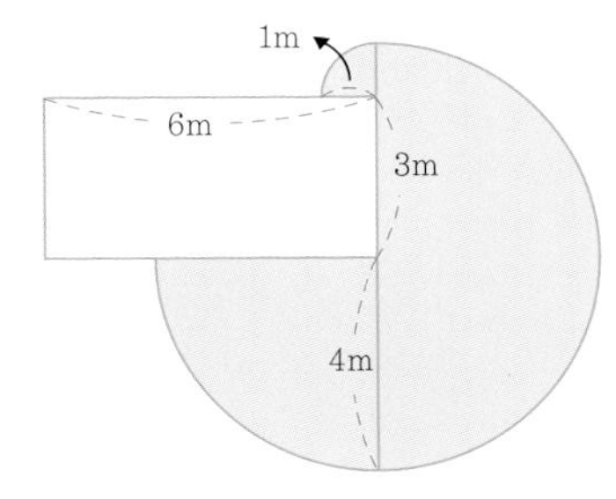

따라서 양이 움직일 수 있는 가장 넓은 범위는

$4\times4\times3.14\times\frac{3}{4}+1\times1\times3.14\times\frac{1}{4}=37.68+0.785=38.465(m^2)$입니다.

[답] $38.465m^2$

Creative 팩토 P.118

[풀이] 동전이 굴러간 거리는 동전의 둘레의 2배와 같으므로 $(2\times2\times3.14)\times2=25.12(cm)$입니다.

[답] 25.12cm

[풀이]

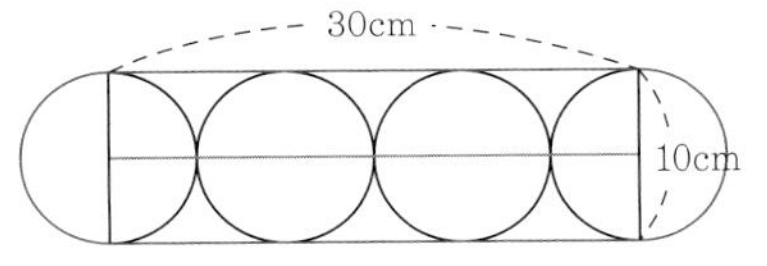

선분의 길이의 합은 $30\times2=60(cm)$이고, 곡선 부분의 길이의 합은 $5\times2\times3.14=31.4(cm)$입니다.
따라서 끈의 길이는 $60+31.4=91.4(cm)$입니다.

[답] 91.4cm

P.119

[풀이]

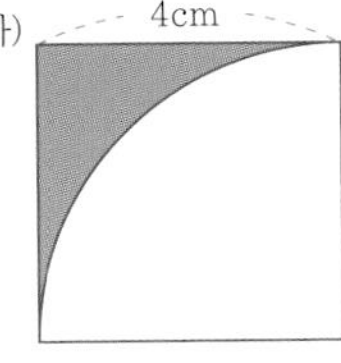

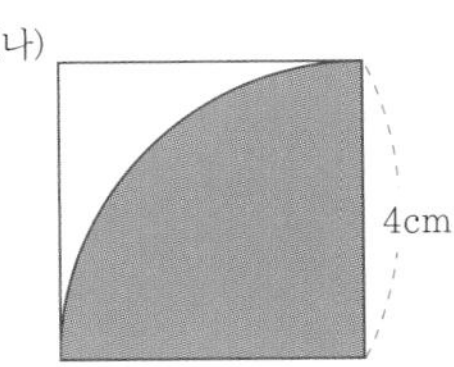

(가)와 (나)의 색칠된 도형의 둘레는 모두 $4\times2+4\times2\times3.14\times\frac{1}{4}=14.28(cm)$입니다.

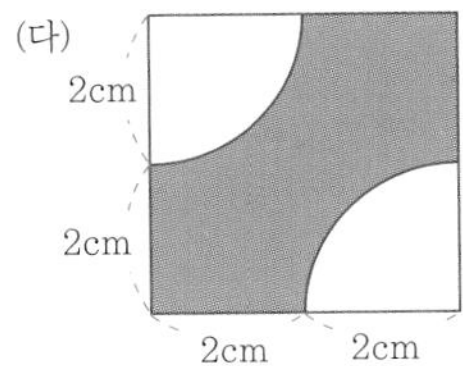

(다)의 색칠된 도형의 둘레는 $2\times4+2\times2\times3.14\times\frac{1}{2}=14.28(cm)$

[답] (가), (나), (다)의 색칠된 도형의 둘레는 모두 14.28cm입니다.

4 [풀이] 원 (가)의 중심이 움직인 거리는 오른쪽 그림과 같습니다.
따라서 원 (가)의 중심이 움직인 거리는 반지름이 7.5cm인 원의 둘레와 같습니다. 즉, $7.5\times2\times3.14=47.1$(cm)입니다.
[답] 47.1cm

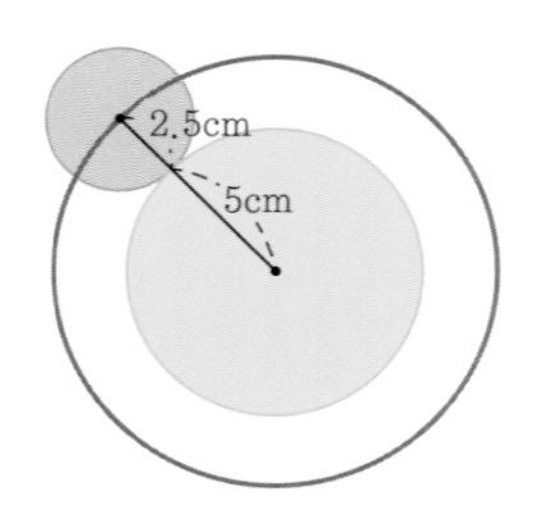

P.120

5 [풀이] (1) 정사각형의 넓이는 $10\times10=100$(cm^2)이고, 원의 넓이는 $5\times5\times3.14=78.5$(cm^2)입니다. 따라서 색칠된 부분의 넓이는 $100-78.5=21.5$(cm^2)입니다.
(2) 반으로 잘라서 그림과 같이 옮기면 (1)의 그림과 색칠된 부분의 넓이가 같습니다.

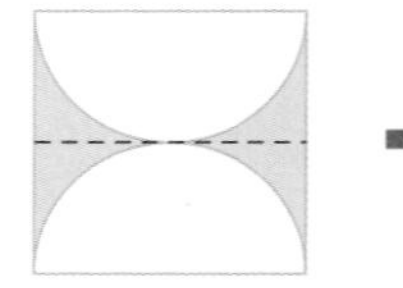

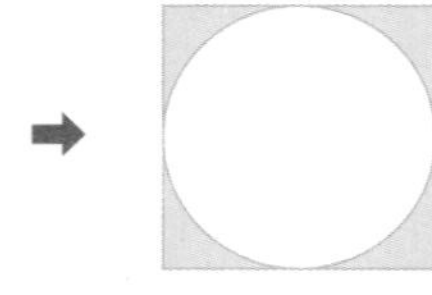

(3) 4등분으로 잘라서 그림과 같이 옮기면 (1)의 그림과 색칠된 부분의 넓이가 같습니다.

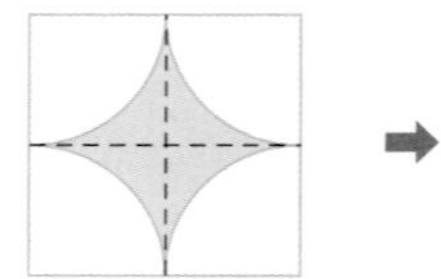

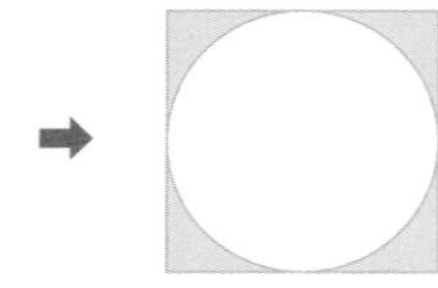

따라서 (1), (2), (3)의 넓이는 모두 21.5cm^{2}입니다.
[답] (1) 21.5cm^2 (2) 21.5cm^2 (3) 21.5cm^2

6 [풀이] 보조선을 그어 색칠된 부분을 그림과 같이 옮길 수 있습니다.
따라서 색칠된 부분의 넓이의 합은 한 변의 길이가 20cm인 정사각형의 넓이의 반인
$20\times20\times\frac{1}{2}=200$(cm^2)입니다.

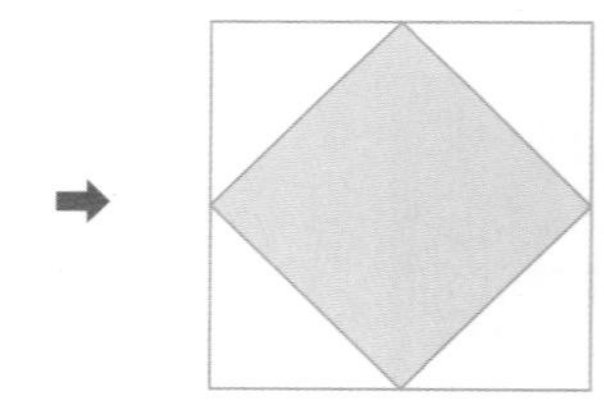

[답] 200cm^2

P.120

[풀이]

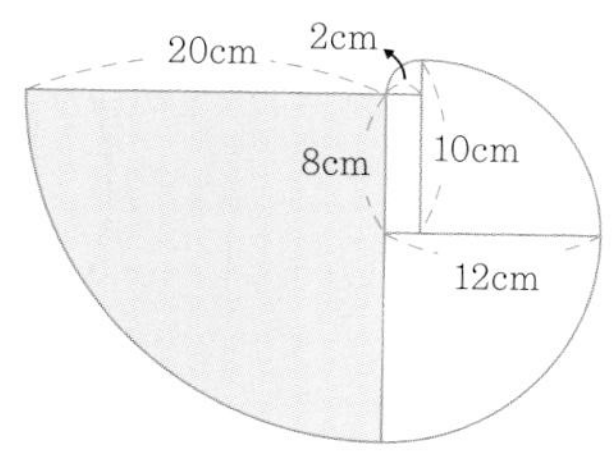

따라서 색칠된 부분의 넓이는 $20\times20\times3.14\times\frac{1}{4}=314(\text{cm}^2)$입니다.
[답] 314cm^2

[풀이] 양이 풀을 먹을 수 있는 땅을 그림으로 나타내면 다음과 같습니다.

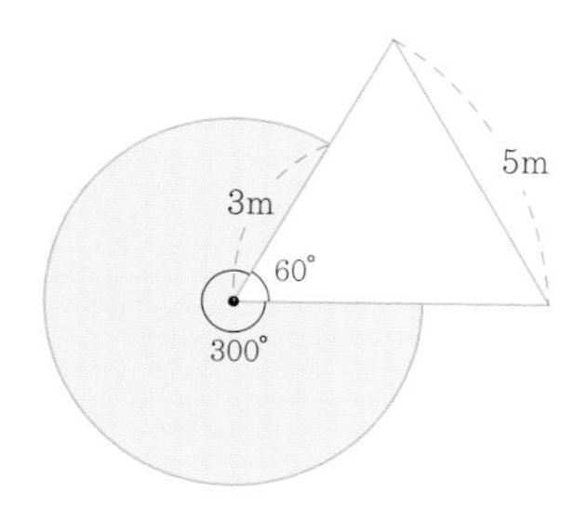

따라서 양이 풀을 먹을 수 있는 땅의 넓이는 $3\times3\times3.14\times\frac{300}{360}=23.55(\text{m}^2)$
[답] 23.55m^2

4. 아르키메데스의 묘비

P.122

Free FACTO

[풀이] 원기둥의 밑면의 반지름은 $40\div2=20(\text{cm})$입니다.
따라서 밑면의 넓이는 $20\times20\times3.14=1256(\text{cm}^2)$입니다.
원기둥의 높이는 40cm이므로 원기둥의 부피는 $1256\times40=50240(\text{cm}^3)$입니다.
[답] 50240cm^3

[풀이] 원기둥 (가)의 부피는 $10\times10\times3.14\times20=6280(\text{cm}^3)$이고, 사각기둥 (나)에 원기둥에 있는 물을 부으면 부은 물의 부피와 같은 부피가 만들어져야 합니다.
즉, $50\times8\times$(높이)$=6280(\text{cm}^3)$입니다.
따라서 높이는 15.7cm입니다.
[답] 15.7cm

[풀이] 오각기둥의 밑넓이는 다음과 같이 구할 수 있습니다.

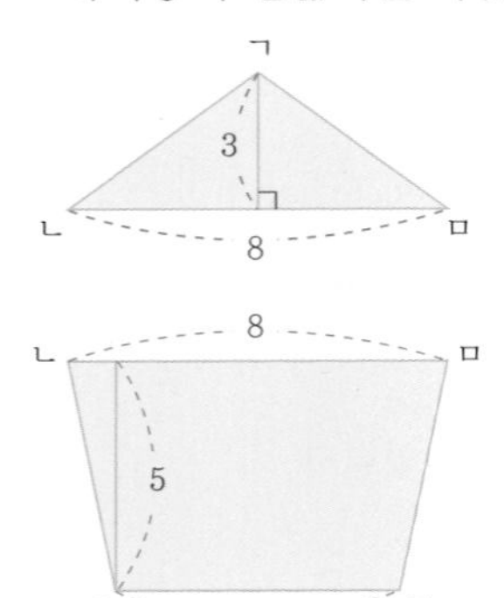

(△ㄱㄴㅁ의 넓이)$=8\times3\times\frac{1}{2}=12(\text{cm}^2)$

(□ㄴㄷㄹㅁ의 넓이)$=(8+6)\times5\times\frac{1}{2}=35(\text{cm}^2)$

따라서 밑면인 오각형의 넓이는 $12+35=47(\text{cm}^2)$이고, 오각기둥의 부피는 $47\times10=470(\text{cm}^3)$입니다.

[답] 470cm^3

5. 부피과 겉넓이 P.124

Free FACTO

[풀이] 한 모서리가 2cm인 쌓기나무 1개의 부피는 $2\times2\times2=8(\text{cm}^3)$입니다.
쌓기나무 하나의 부피가 8cm^3이므로 부피가 32cm^3이려면 쌓기나무는 4개 필요합니다.
오른쪽 그림과 같이 이어 붙인 면이 가장 많을 때 겉넓이가 가장 작습니다. 그러므로 가장 작은 겉넓이는 $4\times16=64(\text{cm}^2)$입니다.

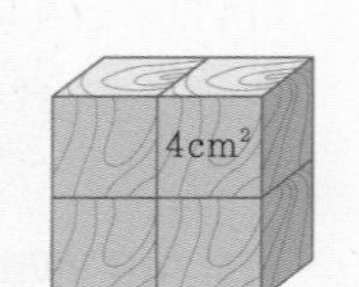

[답] 64cm^2

[풀이] 입체도형의 겉넓이를 가장 크게 하려면 쌓기나무를 이어 붙인 면의 개수가 가장 적어야 하고, 그것을 그림으로 나타내면 오른쪽과 같습니다.
따라서 입체도형의 겉넓이의 최댓값은 $4\times1\times4+1\times1\times2=18(\text{cm}^2)$입니다.

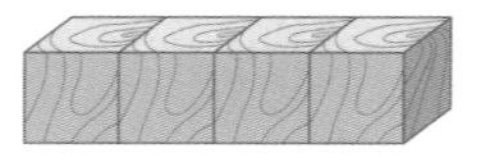

[답] 18cm^2

[풀이] 정육면체 하나의 겉넓이는 6cm^2이고, 4개이면 $6\times4=24(\text{cm}^2)$입니다. 정육면체 4개를 이어 붙일 때 두 면만 맞닿도록 한다면 겉넓이가 22cm^2인 모양이 나오겠지만 정육면체를 4개를 이어 붙일 때는 적어도 여섯 면은 맞닿아야 하므로 22cm^2인 모양은 만들 수 없습니다.
정육면체 개수를 하나 더 늘려서 생각해 보면 5개의 겉넓이는 $6\times5=30(\text{cm}^2)$입니다. 이때, 8면을 맞닿도록 모양을 만들면 겉넓이는 $30-8=22(\text{cm}^2)$가 됩니다. 이 모양의 부피는 5cm^3입니다.
겉넓이가 22cm^2이고, 부피가 가장 작아야 하므로 정육면체의 개수를 더 늘려 볼 필요가 없습니다. 따라서 이 모양의 가장 작은 부피는 5cm^3입니다.

[답] 5cm^3

6. 쌓기나무의 겉넓이 P.126

Free FACTO

[풀이] 그림의 움푹 들어간 부분에 쌓기나무 하나를 끼워 넣어도 겉넓이의 변화는 없습니다. 8개의 쌓기나무를 끼워 넣으면 다음과 같은 모양이 됩니다.

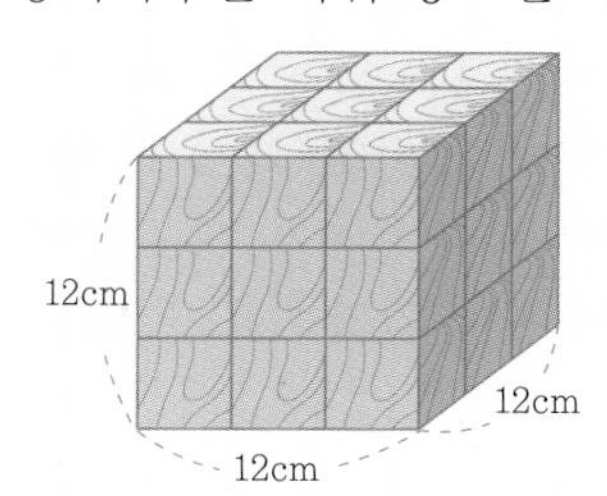

따라서 이 모양의 겉넓이는 $12\times12\times6=864(cm^2)$

[답] $864cm^2$

[풀이] 움푹 들어간 부분에 쌓기나무 3개를 끼워 넣어 그림과 같이 직육면체를 만들어도 겉넓이의 변화는 없습니다.

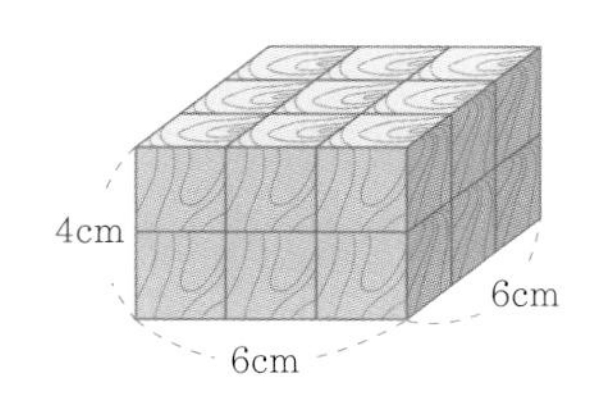

따라서 이 모양의 겉넓이는 $(6\times4\times4)+(6\times6\times2)=96+72=168(cm^2)$

[답] $168cm^2$

[풀이] 앞, 뒤, 오른쪽 옆, 왼쪽 옆, 아래, 위에서 보이는 면의 개수를 알아보면 다음과 같습니다.

앞 (앞, 뒤)

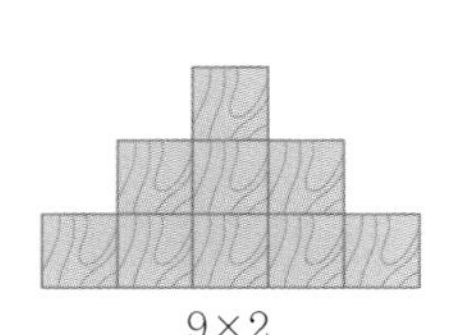

9×2

옆 (오른쪽, 왼쪽)

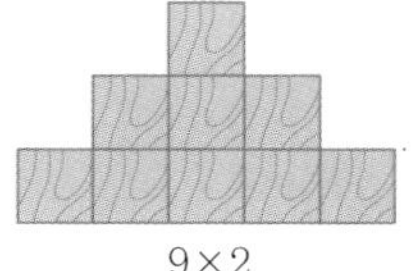

9×2

위 (위, 아래)

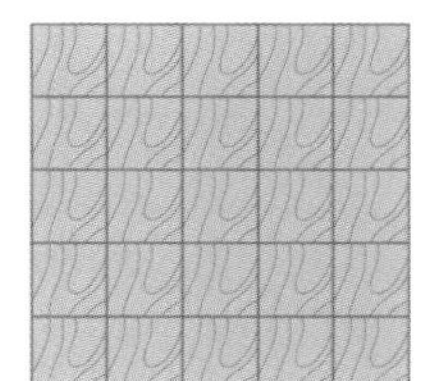

25×2

$18+18+50=86$

따라서 필요한 색종이는 모두 86장입니다.

[답] 86장

Creative 팩토 ······ P.128

[풀이] (가)의 부피는 (밑넓이)×3, (나)의 부피는 (밑넓이)×5, (다)의 부피는 (밑넓이)×7입니다. 밑면의 넓이가 모두 같으므로 (가), (나), (다)의 부피비는 3: 5: 7입니다.

[답] 3: 5: 7

[풀이] 물통의 밑넓이는 $5\times5\times3.14=78.5(cm^2)$이고, 높이는 10cm이므로 물통에 가득 찬 물의 부피는 $78.5\times10=785(cm^3)$입니다. 삼각기둥에 담긴 물의 부피와 물통의 물의 부피는 같아야 합니다. 삼각기둥의 밑넓이가 $100cm^2$이므로 삼각기둥에 담긴 물의 부피가 $785cm^3$이 되기 위해서는 높이가 $785\div100=7.85(cm)$가 되어야 합니다. 따라서 삼각기둥의 밑면에서부터 7.85cm까지 물이 찹니다.

[답] 7.85cm

······ P.129

[풀이] (1) 직사각형입니다.

(2) 직사각형의 가로의 길이는 반지름 5cm인 원의 둘레의 길이와 같으므로 $5\times2\times3.14=31.4(cm)$입니다.

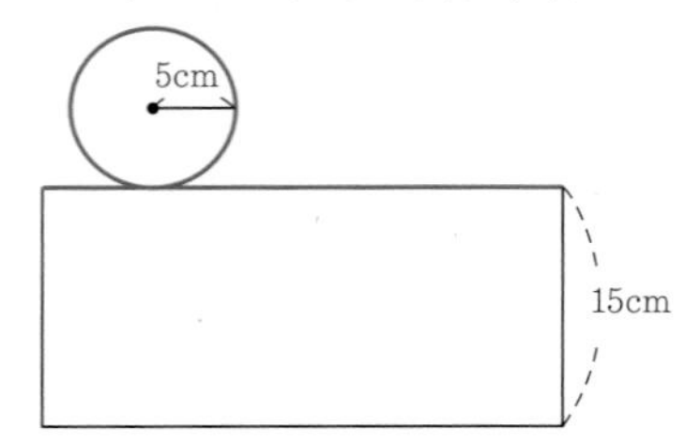

직사각형의 세로의 길이는 원기둥의 높이와 같으므로 15cm입니다.

(3) 직사각형의 넓이는 $31.4\times15=471(cm^2)$입니다.

[답] (1) 직사각형 (2) 가로 31.4cm, 세로 15cm (3) $471cm^2$

[풀이] 다음 그림과 같이 움푹 들어간 곳에 부피가 $1cm^3$인 정육면체를 끼워 넣은 직육면체의 겉넓이와 같습니다.

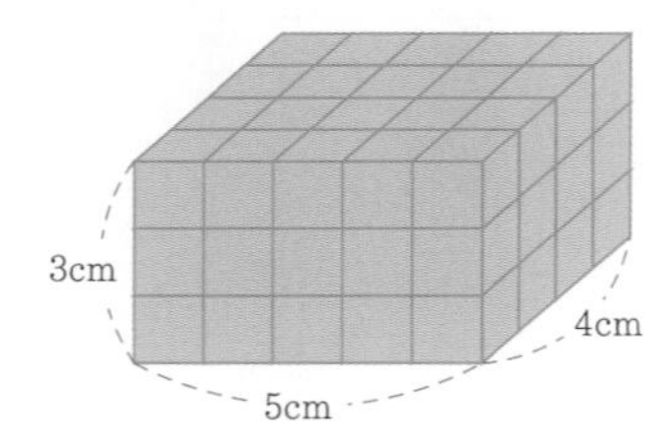

따라서 이 모양의 겉넓이는 $(5\times4\times2)+(3\times5\times2)+(4\times3\times2)=40+30+24=94(cm^2)$입니다.

[답] $94cm^2$

P.130

[풀이] 주어진 모양을 앞, 뒤, 오른쪽 옆, 왼쪽 옆, 위, 아래에서 보면 그림과 같습니다.

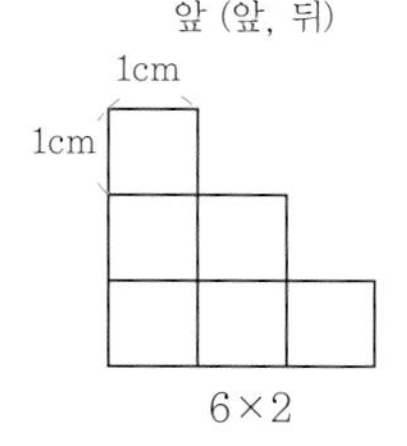

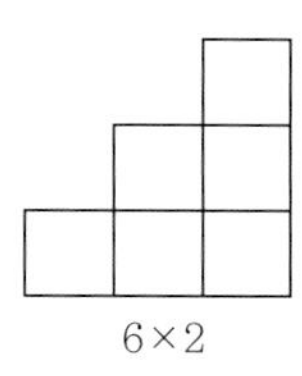

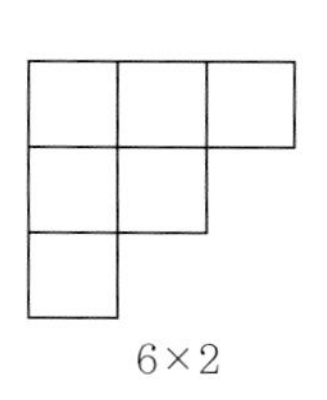

따라서 이 모양의 겉넓이는 $12 \times 3 = 36(cm^2)$입니다.

[답] $36cm^2$

[풀이] (1) 큰 정육면체의 한 면의 넓이는 $24 \div 6 = 4(cm^2)$입니다.

(2) 큰 정육면체의 한 면의 넓이가 $4cm^2$이므로 한 변의 길이는 2cm입니다.
따라서 큰 정육면체의 부피는 $2 \times 2 \times 2 = 8(cm^3)$입니다.

[답] (1) $4cm^2$ (2) $8cm^3$

P.131

[풀이] (1) 한 면의 넓이는 $(5 \times 5) - (1 \times 1) = 24(cm^2)$입니다. 따라서 구멍이 뚫린 정육면체의 6면의 넓이의 합은 $24 \times 6 = 144(cm^2)$입니다.

(2) 직육면체 하나의 옆넓이는 $2 \times 1 \times 4 = 8(cm^2)$입니다.

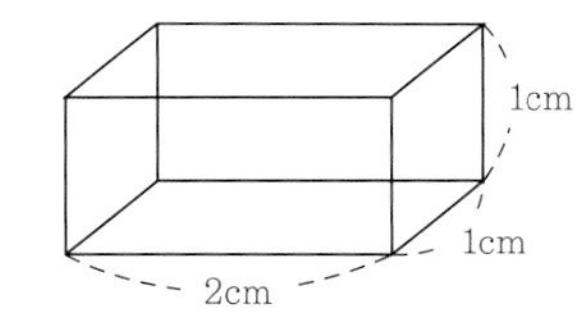

(3) 페인트가 칠해진 부분의 넓이는 작은 직육면체 6개의 옆넓이와 구멍 뚫린 정육면체의 6면의 넓이의 합과 같으므로 $8 \times 6 + 144 = 192(cm^2)$입니다.

[답] (1) $144cm^2$ (2) $8cm^2$ (3) $192cm^2$

Thinking 팩토

P.132

[풀이]

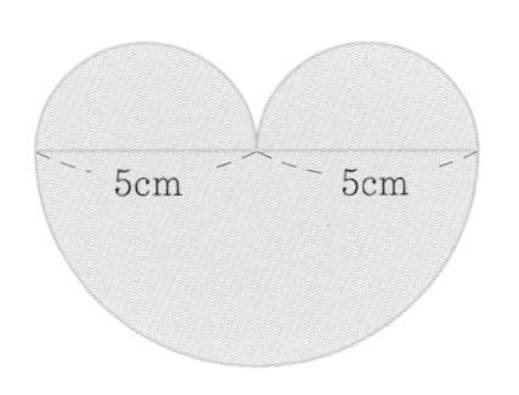

도형의 둘레는 $5 \times 3.14 + 10 \times 3.14 \div 2 = 31.4(cm)$입니다.

[답] 31.4cm

[풀이] ㉠의 둘레는 $6\times3.14+3\times3.14\times2=37.68$(cm)입니다.

㉡의 둘레는 $6\times3.14+2\times3.14\times3=37.68$(cm)입니다.

㉢에서 가장 작은 원의 지름을 □라 하면 중간 원의 지름은 $6-$□이므로

㉢의 둘레는 $6\times3.14+$□$\times3.14+(6-$□$)\times3.14=37.68$(cm)입니다.

따라서 ㉠, ㉡, ㉢의 둘레는 모두 같습니다.

[답] 모두 같습니다.

P.133

[풀이] (1) 1단계에서 굵게 그려진 도형의 선분의 길이의 합은 1×3cm이고, 곡선 부분의 길이의 합은 지름이 1cm인 원 둘레와 같으므로 $1\times3.14=3.14$(cm)입니다.

따라서 굵게 그려진 도형의 둘레는 $3+3.14=6.14$(cm)

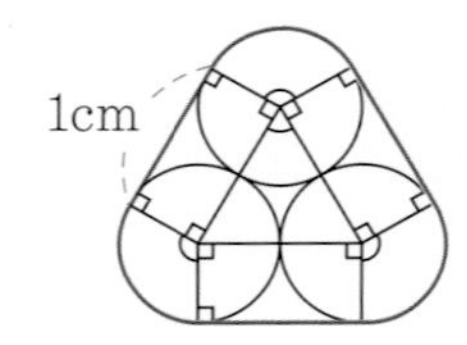

(2) 2단계에서 굵게 그려진 도형의 둘레는 $2\times3+3.14=9.14$(cm)입니다.

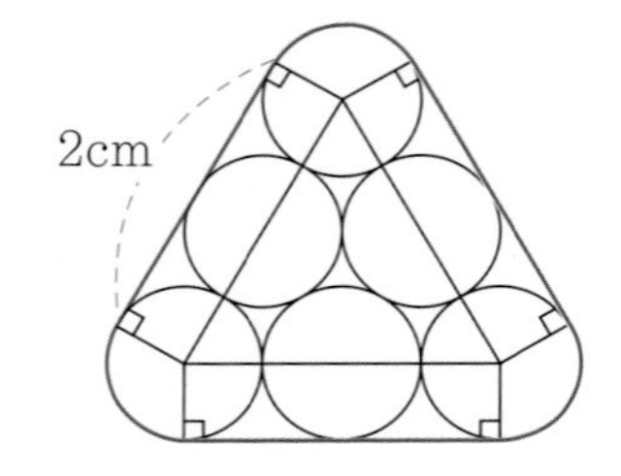

(3) 3단계에서 굵게 그려진 도형의 둘레는 $3\times3+3.14=12.14$(cm)입니다.

단계가 하나씩 늘어날 때마다 도형의 둘레는 3cm씩 증가합니다.

(4) 5단계에서 굵게 그려진 도형의 둘레는 $3\times5+3.14=18.14$(cm)입니다.

[답] (1) 6.14cm (2) 9.14cm (3) 12.14cm (4) 18.14cm

P.134

[풀이] 정육면체와 직육면체를 잘라내도 겉넓이에는 변화가 없습니다. 남은 부분의 겉넓이는 한 모서리가 10cm인 정육면체의 겉넓이와 같아서 $10\times10\times6=600$(cm^2)입니다.

[답] 600cm^2

[풀이] 앞, 뒤, 오른쪽 옆, 왼쪽 옆, 위, 아래에서 보면 각각 넓이가 1cm^2인 정사각형이 다음과 같은 개수로 있습니다.

앞: 13개, 뒤: 13개, 오른쪽 옆: 4개, 왼쪽 옆: 4개, 위: 6개, 아래: 6개

따라서 도형의 겉넓이는 $13\times2+4\times2+6\times2=46$($cm^2$)입니다.

[답] 46cm^2

P.135

[풀이] 연필로 종이 위에 그릴 수 있는 가장 큰 도형은 그림과 같습니다.

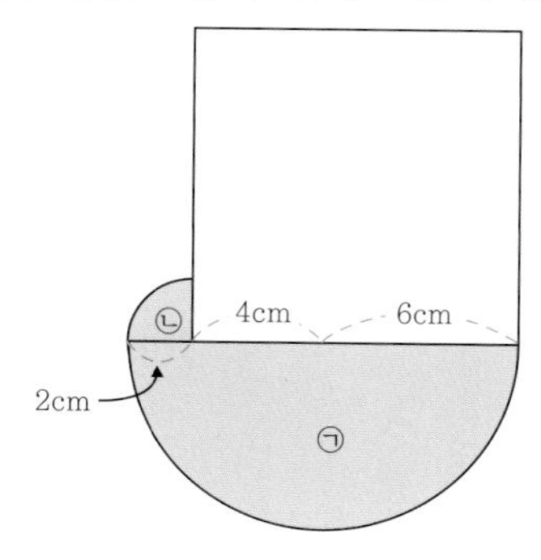

㉠의 넓이는 $6\times6\times3.14\div2=56.52(cm^2)$이고, ㉡의 넓이는 $2\times2\times3.14\div4=3.14(cm^2)$입니다.
따라서 연필로 그릴 수 있는 가장 큰 넓이는 $56.52+3.14=59.66(cm^2)$입니다.
[답] $59.66cm^2$

[풀이] 색칠된 부분을 모으면 그림과 같습니다.

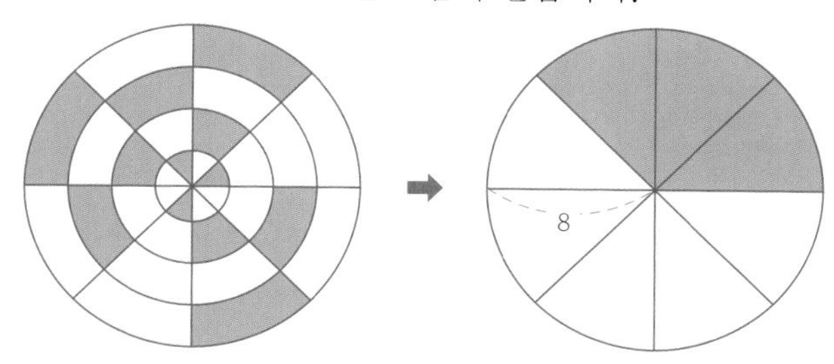

따라서 색칠된 부분의 넓이는 전체 원의 넓이의 $\frac{3}{8}$인 $8\times8\times3.14\times\frac{3}{8}=75.36(cm^2)$입니다.

[답] $75.36cm^2$

Memo

Memo

Memo

팩토는 자유롭게 자신감있게 창의적으로
생각하는 주·니·어·수·학·자입니다.

Free Active Creative Thinking O. Junior mathtian

논리적 사고력과 창의적 문제해결력을 키워 주는

매스티안 교재 활용법!

대상	창의사고력 교재		연산 교재
	팩토슐레 시리즈	팩토 시리즈	원리 연산 소마셈
4～5세	팩토슐레 Math Lv.1 (6권)		
5～6세	팩토슐레 Math Lv.2 (6권)	킨더팩토 A, 킨더팩토 B, 킨더팩토 C, 킨더팩토 D	소마셈 K시리즈 K1～K8
6～7세	팩토슐레 Math Lv.3 (6권)		
7세～초1		키즈 원리A , 탐구A, 키즈 원리B , 탐구B, 키즈 원리C , 탐구C	소마셈 P시리즈 P1～P8
초1～2		Lv.1 원리A, 탐구A, Lv.1 원리B, 탐구B, Lv.1 원리C, 탐구C	소마셈 A시리즈 A1～A8
초2～3		Lv.2 원리A, 탐구A, Lv.2 원리B, 탐구B, Lv.2 원리C, 탐구C	소마셈 B시리즈 B1～B8
초3～4		Lv.3 원리A, 탐구A, Lv.3 원리B, 탐구B, Lv.3 원리C, 탐구C	소마셈 C시리즈 C1～C8
초4～5		Lv.4 기본A, 실전A, Lv.4 기본B, 실전B	소마셈 D시리즈 D1～D6
초5～6		Lv.5 기본A, 실전A, Lv.5 기본B, 실전B	
초6～		Lv.6 기본A, 실전A, Lv.6 기본B, 실전B	